魯邦種的奧義
令人怦然心動的
天然酵母麵包！

賴毓宏 著

前言

近年來臺灣社會進步，生活品質提高，歐美、日系烘焙業的進入使國人消費習慣改變、消費水準提高。在這個百花齊放的時代，食品安全問題也是層出不窮，想要吃到可以安心入口的麵包，自己動手培養天然酵母成為一種流行趨勢。自製的天然酵母麵包本身就令人感到安全安心，恰巧烘焙業也興起了培養天然酵母菌的熱潮，促使想從事烘焙業的莘莘學子、從業人員們加以研究、剖析，在對天然酵母菌的培養及生產技術提升都有更深刻的體認後，將整體流程科學化、差異化，生產具有特色的天然酵母麵包產品，是一步一腳印累積至今，有其重要研發依據。

本書分為兩大主軸：其一是關於魯邦種天然酵母菌的說明，包含如何培養、如何餵養保存發酵活性。其二是運用魯邦種天然酵母菌來製作歐、日式麵包。

紀錄每一次數據，彙整出一套製作魯邦種的數據值，用科學化的方式來培養魯邦種天然酵母菌，以求達到百分百成功製成率；運用魯邦種天然酵母菌製作歐、日式麵包研發理念則是以「慢酵工法」增加操作製程的便利性，以可大量生產的天然酵母麵包產品為主。

本書彙整魯邦種天然酵母菌製作歐、日式麵包產品的共同點及差異化，期許烘焙業者及烘焙學子能循序摸擬，參酌學習，吸收內化，爾後加入自己的巧思創意，提升產品開發能量，現在就來學會培養魯邦種天然酵母菌製作方式吧～

作者序

　　父親是經營鐵工廠的西工技術師傅，連同我，家裡共有四位兄弟姐妹。小時候家中經濟並不寬裕，我們從小學六年級就開始到父親的鐵工廠幫忙。父親工作時是位火氣十足，霸氣而嚴厲的西工師傅，印象最深刻是在幫忙工廠作業時，父親被我們氣的吹鬍子瞪眼，大罵：「一個口令一個動作，抽一下動一下！」、「死腦筋不會活用！」、「師傅在工作，自己不會注意下一步要做什麼嗎？」，嚴厲的責罵式教育讓我們皮永遠繃得緊緊，深怕一個失神就被炮火猛攻、嚴厲開罵。

　　父親常說：「學技術的眼色要好，師傅教一遍就要會，多利用工廠下班時間練習，熟練今天學習到的技術。」就這樣，帶著這份從小到大傳承自父親的學習精神與態度，我一腳邁入烘焙業。早年的烘焙業沒有烘焙學校提供設備練習，都是以師徒制的方式進行技術傳承。當烘焙學徒時，下班或休假在家苦無器材練習技術，恰巧父親因病在家休養，與我大眼瞪小眼，我心裏悚得要命！可得知窘境的父親只是二話不說拿出私房錢買了攪拌機、烤箱、發酵箱給我，沒有條件、沒有但書，只用冷硬的臉硬梆梆的說了幾句話，在父親不善表達的言詞中我終於感受那份他從不說出的父愛，感受那份毫無保留的支持……。

　　當時我內心的震動恍如昨日，永難忘懷，期盼能藉由本書的出版，傳遞父親技術職人的學習精神。第一次接觸魯邦種是15年前，那時臺灣烘焙業對魯邦種的認識還停留在「很新鮮的專有名詞」；那天我在法國麵包配方中添加魯邦種，這是我與魯邦種的第一次接觸，也開啟了我對它的愛。15年轉瞬即逝，我是多麼的熱愛麵包阿！等待發酵的時光，恍惚間便是一生。

　　很榮幸透過杜佳穎老師的介紹，展開與上優文化出版社的魯邦種專書合作，把自己鑽研多年的「魯邦種」、「魯邦種酵母麵粉」、「海藻糖膠」，透過創新的技術配方與大家分享，期盼本書能讓使用魯邦種製作麵包的烘焙狂熱份子因此收益良多，也期盼本書對好奇魯邦種卻苦無入門途徑的朋友們有所幫助，衷心期望大家都能輕鬆做出自己起種的魯邦種，品嚐美味又健康的天然酵母麵包。

吳鳳科技大學 餐旅管理系專任助理教授

賴毓宏

推薦序

賴毓宏老師是烘焙界的名師，在烘焙經歷上從基礎的傳統麵包店，精緻的複合式麵包坊到知名飯店點心房擔任主廚，資歷完整，很難得的是他在國際知名的原料進口商擔任研發推廣工作，此經歷能接收國際烘焙新知，相信此經歷對其專業技能爾後精益求精有莫大幫助，毓宏兄歷練豐富，為人謙和誠懇，與毓宏兄相處請益，皆能感受到其對烘焙技藝層次的提昇追求，及對烘焙產業的期待，對談中常受啟發及感動。

毓宏老師專業技藝及從業態度之堅持，深獲各烘焙相關企業及學校的肯定，其作品分別在 2012FHC 上海國際廚藝烹飪藝術比賽裝飾點心擺盤組銅牌，2012 年勞動達人盃全國技能競麵包製作職類優勝，2017 韓國 WACS 現場二層鮮奶油蛋糕比賽金牌，2017 韓國 WACS 小型藝術麵包工藝銀牌。在專業技藝上，履獲大獎，深受肯定。對烘焙技藝傳承，充滿熱情及使命。

2010 年獲聘於吳鳳科技大學任教，在學校教授其烘焙技藝，總是對其作品之創作理念、學理基礎、成果貢獻，知無不言熱情分享，傳承學子，師生交流其樂融融。實為業師、人師二者兼顧之良師。

與毓宏兄認識多年，深刻感受他對麵包烘焙產業的堅持及期許，也驚嘆他能開發出多款精彩的流行性商品。今得知毓宏老師彙整所學，出版《魯邦種的奧義》一書，46 款產品，20 款內餡，內心非常高興並引以為榮。本書區分為兩大主軸：其一是關於魯邦種天然酵母菌的說明、如何培養魯邦種天然酵母菌、如何餵養保存發酵活性。其二是運用魯邦種天然酵母菌來製作歐、日式麵包。

難得的是毓宏老師編寫本書由淺入深、循序漸進，最後進階的介紹當今的人氣商業產品。本書圖文並茂，對其魯邦種之培育及運用於每項烘焙產品的工法，工序，條理分明，用詞淺顯易懂，讓讀者能依序依圖製作，順利完成作品。

在此恭賀毓宏老師，除恭喜他，也謝謝他，因他的努力執著，彙整所學編排出書，讓我們有機會分享他的作品，在閱讀如此用心及精美的著作時，再次感受他對烘焙的熱情及專業堅持的感動。願大力推薦，特此為序。

國立高雄餐旅大學　烘焙管理系主任

廖漢雄　專技教授　謹誌

推薦序

　　作者自 2010 年起，獲聘吳鳳科技大學餐旅管理系教師，期間毓宏老師對工作兢兢業業，力求每個細節盡善盡美；對同學，妙語橫生的將麵包分析得頭頭是道。有趣的教學方式讓他深受學生喜愛，帶領同學參加國內外大大小小的比賽，屢獲大獎，是名符其實的比賽常勝軍。

　　本人第一次和作者接觸是在扶輪社舉辦的活動，主題是製作發酵三天的「蔓越莓桂圓核桃天然酵母麵包」，其口感廣獲大家的好評。毓宏老師上課幽默風趣，課堂間歡笑不斷，舉手投足皆散發對「天然酵母麵包」孜孜不倦的研究熱情。

　　《魯邦種的奧義》承襲他一貫的教學風格，知無不言，言無不盡，毫不藏私地提供多年的心血結晶，針對「魯邦種」循序漸進地教導讀者如何起種、如何續種，配方數據也是毫無保留大公開，讓讀者都能順利作出美味的「魯邦種天然酵母麵包」，親身體會法國百年傳統發酵種「魯邦種」的魅力，著實是同好及讀者的福音。

　　期盼每位讀者閱讀本書後都能有所收穫，重新認識「魯邦種」，學到各種基礎、實用的知識，進而享受閱讀與實作過程中的樂趣，並品嚐「魯邦種天然酵母麵包」的美味。

吳鳳科技大學　校長

蘇銘宏 教授

推薦序

　　近 20 年「天然酵母」一詞在臺灣烘焙業風起雲湧，似乎人人都有一把號，各吹各的調，然而更深入探究各家菌種培育、學理依據後不難發現，大部分的師傅、業者一知半解，坊間專業著作亦寥寥無幾，今欣聞毓宏老師新書《魯邦種的奧義》問世，甚感興奮，毓宏老師是業界少數學理、技能俱佳的優秀專技人才，透過此書，將昔日產業實戰的經驗及學術界的學理研究做一有系統的整理，嘉惠對「天然酵母」有興趣的同好人士。

　　使用「天然酵母」製作麵包是麵包師追求品質、風味的最高境界，但同時也極度麻煩。不穩定的方法，不同的原種，不同的溫度、濕度、時間、PH 值、環境均會影響「天然酵母」的菌相及活力。在百家爭鳴之際總是蒙上一層神秘面紗，毓宏老師以學理為基礎，運用系統性科學方法，逐步帶領大家層層揭開面紗，探究如何培養屬於自己的「天然酵母」，製作風味獨特的健康麵包。

　　這些年不論是國際間或國內的烘焙競賽，選手製作麵包產品都會以「天然酵母」來凸顯產品特色，毓宏老師這些年亦擔任選手的培訓及競賽評審，相信本書的出版可讓烘焙產業及莘莘學子對「魯邦種天然酵母菌」有更深刻的認識，在培養及運用方面也會有極大的幫助。

台北市糕餅商業同業公會　榮譽理事長

張國榮

推薦序

　　認識賴毓宏老師已經有 15 年餘，他是一位肯付出、很盡責、超顧家的好男人，賴老師現任職嘉義吳鳳科技大學餐飲系，多次帶領學生於國內外競賽得獎，同時也擔任各項烘焙專業競賽評審，其業界經驗更為豐富，曾在華王大飯店、漢王大飯店及德麥食品擔任專業技師，協助多家烘焙連鎖店產品開發，深獲好評，並多次出國，到義大利、日本等地參與專業技術進修研習，精進烘焙專業，對於巧克力、天然酵母麵種、義大利比薩等技術，成果豐碩，技術卓越。

　　在這科技發達、技術創新的時代，這本書最能滿足對製作天然酵母麵包有興趣的讀者們，是本最好鞏固技術與充實學識根基的經典著作，絕對讓您閱讀後收穫滿載，更能實用發揮在麵包製作上。

　　謹此獻上我的祝福，同時也祝賴老師新書大賣，讀者廣遍天下。

景文科技大學　餐飲管理系專技助理教授
2016 德國 IKA 奧林匹克世界烹飪廚藝賽金、銅牌
全國技能競賽，全國商業類技藝競賽烘焙類組評審

陳文正 *Arthur*

Contents

- **010** 如何使用本書

Chapter 1、什麼是魯邦種天然酵母菌？
魯邦種培養概念與基礎技術

- **013** 何謂魯邦種天然酵母菌？
  商業酵母菌與魯邦種天然酵母菌的差異
- **014** 寫在開始前：魯邦種天然酵母菌培養
  概念與基礎技術
  - ① 基礎培養概念
  - ② 技術與注意事項
  - ③ 起種之容器
  - ④ 起種成功與否判斷方法
  - ⑤ PH 值（酸鹼值）測量辦法
  - ⑥ 可能會遇到的起種狀況
- **015** 製作基本種
  「魯邦原種」起種配方
- **016** 「魯邦種」續種方法
  魯邦種酵種
- **017** 魯邦種法國老麵種
- **018** 魯邦種酵母頭
- **019** 基礎小講堂：材料篇
  麵粉介紹
  酵母的產品搭配比例
- **020** 烘焙百分比
  水溫？麵團終溫？如何計算各項烘
  焙係數
- **021** 基礎小講堂：餡料篇
  歐丁奶油乳酪餡
  覆盆子歐丁乳酪餡
  藍莓歐丁乳酪餡

焦糖核桃歐丁乳酪餡
蒜末椒粒歐丁乳酪餡
紅椒雙蔥歐丁乳酪餡
咖啡歐丁奶油乳酪餡
- **022** 越式醃白蘿蔔（無配料）
  越式醃白蘿蔔（有配料）
  維也納餡
  明太子醬
  香蒜餡
  青蔥餡
- **023** 韓國泡菜餡
  原味菠蘿餡
  炒麵餡
  可可波蘿巧克力餡
  小山圓抹茶菠蘿餡
- **024** 披薩醬
  紅豆餡
  那些烘焙二三事
  攪拌技巧──「直接法」
  攪拌技巧──「後鹽法」
  攪拌技巧──「中種法」
  攪拌技巧──「宵種法」
- **025** 擴展與擴展完成
  基本發酵
  翻麵的作用與技巧
  分割滾圓
  中間發酵
  整形
  最後發酵
  烤焙須知

026　麵包問答 Q&A
　　　附錄：原料特色比一比

Chapter 2、「基本型」傳統法國麵包的技術運用

028　Bread A. 基本麵團：法國魔杖麵包
032　Bread B. 基本麵團：法國吐司
036　Bread C. 基本麵團：法國鄉村麵包
040　A-1：法國明太子麵包
042　A-2：變化式：香蒜法國麵包
046　A-3：變化式：越式調理燻雞法國麵包
048　A-4：變化式：橄欖形法國麵包
052　A-5：變化式：橄欖形法國黑胡椒培根麵包
056　A-6：變化式：橄欖形法國乳酪麵包
060　A-7：變化式：橄欖形法國餐包
064　A-8：變化式：德國香腸麥穗法國麵包
068　B-1：變化式：法國蛋糕吐司
072　B-2：變化式：油炸披薩法國麵包
076　B-3：變化式：葡萄乾乳酪法國麵包
080　B-4：變化式：蔓越莓乾拿鐵乳酪甜圈法國麵包
084　B-5：變化式：油炸甜甜圈法國麵包
088　C-1：變化式：紅豆法國鄉村麵包
090　C-2：變化式：青蔥法國鄉村麵包

Chapter 3、「中階型」今後麵包的技術運用

094　Bread D. 基本麵團：流淚吐司
098　Bread E. 基本麵團：法國麵包
102　D-1. 醃白蘿蔔調理炸豬排流淚吐司
104　D-2. 葡萄乾歐丁乳酪吐司
108　D-3. 巧克力咕咕霍夫吐司
112　D-4. 小山圓抹茶乳酪吐司
114　D-5. 乳酪培根吐司
116　D-6. 菠蘿蔓越莓巧克力吐司
118　D-7. 巧克力菠蘿吐司
120　D-8. 小山圓菠蘿紅豆吐司
122　E-1. 爆漿切達起士吐司
124　E-2. 油漬番茄乳酪法國麵包
126　E-3. 維也納法國麵包
128　E-4. 迷迭香番茄橄欖法國麵包
132　E-5. 白葡萄乾乳酪法國麵包卷
134　E-6. 炒麵法國麵包變化式

Chapter 4、「高階型」進化麵包宵種法的技術運用

140　印度烤餅
144　夏威夷果仁全麥麵包
148　手揉鄉村麵包
152　Bread F. 乳酪貝果麵包
155　F-1. 韓國泡菜貝果麵包
156　巧克力貝果麵包
158　小山圓貝果麵包
162　拿鐵貝果麵包

Chapter 5、「義大利窯爐」烤焙麵包的技術運用

168　Bread G. 傳統披薩：瑪格利特披薩
172　G-1. 街頭小吃炸披薩
173　G-2. 美國披薩
174　G-3. 水手披薩

❶ 命名方式　❷ 產品名稱　❸ 產品的攪拌法　❹ 重點筆記頁

小筆記
直接法
後鹽法

Bread Ⓐ

法國魔杖麵包

入門版：法國麵包麵團			
	材料名稱	百分比（%）	重量（g）
A	拿破崙法國麵粉	100	320
	魯邦種酵種(P.16)	15	48
	魯邦種 (P.15)	15	48
	麥芽精	0.1	0.3
	水	55	176
	海藻糖膠	10	32
B	岩鹽	2	6.4
	合計	197.1	630.7

新手版：法國麵包麵團			
	材料名稱	百分比（%）	重量（g）
A	拿破崙法國麵粉	100	360
	魯邦種酵母麵粉	5	18
	麥芽精	0.1	0.3
	水	60	216
	海藻糖膠	10	36
B	岩鹽	2	7.2
	合計	177.1	637.5

麵團溫度　夏天 28℃，冬天 30℃
基本發酵　使用「入門版：法國麵包麵團」9 小時
　　　　　使用「新手版：法國麵包麵團」18 小時
分割重量　300g/1 顆
中間發酵　30 分鐘
整形樣式　法國魔杖麵包
最後發酵　60 分鐘
烤焙數據　先 ▶ 蒸氣 10 秒 / 上火 230℃
　　　　　　　/ 下火 200℃ / 10 分鐘
　　　　　後 ▶ 開氣門 / 上火 190℃
　　　　　　　/ 下火 200℃ / 12 分鐘

❶ 攪拌
❷ 基本發酵
❸ 翻麵
❹ 分割
❺ 中間發酵
❻ 整形
❼ 最後發酵
❽ 烤前裝飾
❾ 烤焙

❺ 材料區　❻ 筆記提示　❼ 烘焙流程表

如何使用本書
How to use this book?

❶ 命名方式

基本麵團以 Bread Ⓐ～Ⓖ 命名

1. 其變化款命名方式為 Bread Ⓐ-1、Bread Ⓐ-2、Bread Ⓑ-1、Bread Ⓑ-2……等，以此類推。
2. 獨立品項則無 Bread 標示。

❷ 產品名稱

❸ 產品的攪拌法

根據材料以及想呈現的產品效果，決定攪拌法。

❹ 重點筆記頁

Bread Ⓐ～Ⓖ 基本麵團、非變化款會有單獨的筆記頁，變化款的品項細節則寫在內文中。

❽ 產品完成圖

❺ 材料區

根據產品攪拌法，會有 1～2 區主要材料，主要材料不含其他、裝飾、餡料等材料。

直接法、後鹽法有兩區，一區為入門版「魯邦種」配方，一區為新手版「魯邦種酵母粉」配方。中種法、宵種法最少有兩區，一個為中種麵團，一個為主麵團。

「魯邦種」替換「魯邦種酵母粉」的配方則寫在裡面。

Point!

配方中用以取代「魯邦種」的「魯邦種酵母粉」可直接加入麵團攪打，攪打後再參考發酵時間即可。將「魯邦種酵母粉」活化成「魯邦種」是用於若起種失敗，還可以活化酵母粉製作「魯邦種酵種」、「魯邦種法國老麵種」、「魯邦種酵母頭」等麵種。

❻ 筆記提示　　列出產品製作重點，幫助掌握重要數據。

❼ 烘焙流程表　　列出簡易的烘焙流程，在正式製作產品前，有一個完整的概念。

Chapter 1
什麼是魯邦種天然酵母菌?
魯邦種培養概念與基礎技術

何謂魯邦種天然酵母菌？

在還沒有商業酵母的過去，傳統麵包在製作麵包時會取一部分發酵麵團（麵種）留下，作為下一次製作麵包的發酵種。發酵種內的微生物有天然酵母菌及乳酸菌；天然酵母菌主要功能是使麵包發酵膨脹，帶給麵包小麥的發酵風味；乳酸菌帶給麵包更豐富的滋味，防止其它雜菌繁殖，確保麵團內都是製作麵包理想的微生物。

麵種的使用原料可以是乳原料、蕎麥粉、玉米麵粉、裸麥粉、水果蔬菜等各類原物料，所有的發酵種都可以製作出風味非凡的麵包，搭配發酵作用給予穩定的溫度、濕度，麵團會產生一定數量的酵母菌、乳酸菌、麴，此種麵團即可定義為「發麵種」。

製作出外部鬆脆，具有濃郁熟成麥香風味的麵包。麵包內部組織溼潤、柔軟、Q彈，具有常溫下不易老化的特性

「魯邦種」又稱酸種或發酵種，是一種讓酵母在低溫下長時間發酵的麵種，其並非單一菌種，複雜多元的菌種讓麵包發展出獨特的麥香風味，把魯邦種加入麵團中，可以增加麵包天然乳酸菌的有機酸和小麥發酵香氣，低酸鹼值的特性也讓它在發酵時可以抑制雜菌，保有乳酸菌微酸的芳醇美味，幫助麵包延長麵團發酵時間，使麵包中的營養成份更容易被人體消化吸收，不會引發胃酸脹氣，入口齒頰留香，回味無窮。

商業酵母菌與魯邦種天然酵母菌的差異

商業酵母菌與魯邦種天然酵母菌都是酵母菌的一種。「商業酵母菌」是製造商於眾多酵母菌種中選出發酵力道最強，**單一株**強而有力的酵母菌，經過工廠反覆培育測試，大量生產販售。而「魯邦種天然酵母菌」則屬於自家培養出來的**多株**酵母菌，透過裸麥粉、小麥粉，以酵母、乳酸菌等等菌種進行發酵，源自醋酸的酸味為其特徵，由於是多株酵母菌，製作的麵包會有更深沉豐富的滋味。

酵母 項目	商業酵母菌	魯邦種天然酵母菌
菌種	單株酵母菌	WIN 多株酵母菌
口感（新鮮時）	普通，酵母味較重	WIN 深沉豐富，風味多元 內部組織溼潤，柔軟Q彈
口感（老化後）	普通，酵母味較重	WIN 麥香濃郁 入口齒頰留香，回味無窮
老化時間	容易老化	WIN 有常溫下不易老化的特性
發酵時間	WIN 較快	較慢
健康	可能引發胃酸脹氣 造成身體負擔	WIN 不會引發胃酸脹氣 造成身體負擔

寫在開始前：魯邦種天然酵母菌培養概念與基礎技術

▶ 魯邦種，原產自法國的傳統發酵種。
▶ 將裸麥粉、小麥粉以酵母、乳酸菌發酵而成的發酵種。
▶ 源自醋酸的酸味為其特徵，透過Lactobacillus brevis 等等的菌種進行發酵。
▶ 以法國的政令規定，要稱之為「魯邦」須符合特殊規格。
  本書採用的小麥自然發酵種是同時也被稱為「Levain種」的法國傳統發酵種，大多利用發酵機起酵母菌種的多是屬於這種穀物酵母菌種。

❶ 基礎培養概念

培養魯邦種天然酵母菌前要先了解何謂發酵？發酵的定義為：酵母、細菌等微生物為了獲取能量而分解有機化合物，生成醇類、有機酸類、二氧化碳等的過程，因此發酵是微生物分解糖類取得能量的過程；起種必須提供酵母菌穩定的成長條件，讓空氣中的微生物如乳酸菌、酵母在麵種中穩定成長，再給予良好的發酵環境（溫濕度），發酵後即會產生一定數量的酵母菌、乳酸菌，此階段即可定義為「魯邦種」。

❷ 技術與注意事項

使用發酵箱能比較好控制發酵狀況，另外還需準備檢測PH值的檢測計，檢測魯邦種的PH值可以判斷是否有雜菌。魯邦種起種的麵團完成溫度為32℃，酵母菌在32℃內活性較強，因為在起種初期酵母菌數量較少，我們可以利用酵母菌的這個特點來增加酵母菌數。起種的發酵理想環境為溫度27℃／濕度80%，可以得到活性強的酵母菌，**使用發酵箱來控制理想的發酵環境是必要的條件之一。**

❸ 起種之容器

固體容器，器材須先以清潔劑洗過晾乾，再使用藥用酒精消毒，確保容器乾淨無菌。

❹ 起種成功與否判斷方法

發酵後體積若達到2倍大，表示魯邦種的酵母菌活性足夠，可用於麵包製作。

❺ PH值（酸鹼值）測量辦法

以酒精消毒杯子，秤出起種完畢之100公克魯邦種，使用PH酸鹼度計測量魯邦種，靜置1分鐘測得PH值。魯邦種的PH值在3.8～4內皆為理想數值，當PH值達到4.6以上則表示產生其它雜菌，不適合使用於麵包製作，需要立刻進行續種。

注意！魯邦種測量PH值僅能讓我們知道是否有其它雜菌產生，無法判斷酵母菌的活性及數量。

❻ 可能會遇到的起種狀況

1. 魯邦種剛起種或續種時的PH值會比較高，經過發酵後，魯邦種PH值會慢慢回到3.8～4。

2. 假設取配方：「100公克起種好的魯邦種、200公克麵粉、250公克40℃冷開水、5公克海藻糖膠」混合後放置於溫度27℃／濕度75%的環境中發酵5～8小時，體積如果沒有發酵成2倍大，表示魯邦種的酵母菌活性不足以製作麵包。改進的方法是延長發酵時間，以體積發酵2倍大為目標，達到2倍大體積後立即再取相同配方混合，以溫度27℃／濕度75%，5～8個小時發酵，觀察體積是否發酵成2倍大。

反覆這樣的製程來提升酵母菌活性，直到發酵可以一次到位的發酵成2倍大為止。

製作基本種

「魯邦原種」起種配方

Day 1

原種材料	重量 (g)
純裸麥粉	20
40℃ 純水	24
海藻糖膠	1
合計	45

作法

1. 鋼盆放入所有材料，使用打蛋器將材料充分拌勻，粉類須完全溶解。
2. 玻璃罐洗淨晾乾，噴上酒精消毒，以衛生紙擦拭乾淨放入拌勻材料蓋起，移至發酵室，在溫度 27℃ / 濕度 80% 環境中靜置 24 小時。

Day 2

原種材料	重量 (g)
Day 1 原種	45
拿破崙法國麵粉	45
40℃ 礦泉水	45
合計	135

作法

1. 將第一天原種取出；鋼盆放入所有材料，使用打蛋器將材料充分拌勻，粉類須完全溶解。
2. 玻璃罐洗淨晾乾，噴上酒精消毒，以衛生紙擦拭乾淨放入拌勻材料蓋起，移至發酵室，在溫度 27℃ / 濕度 80% 環境中靜置 24 小時。

Day 3

原種材料	重量 (g)
Day 2 原種	135
拿破崙法國麵粉	135
40℃ 礦泉水	135
合計	405

作法

1. 將第二天原種取出；鋼盆放入所有材料，使用打蛋器將材料充分拌勻，粉類須完全溶解。
2. 玻璃罐洗淨晾乾，噴上酒精消毒，以衛生紙擦拭乾淨放入拌勻材料蓋起，移至發酵室，在溫度 27℃ / 濕度 80% 環境中靜置 24 小時。

Day 4

原種材料	重量 (g)
Day 3 原種	405
拿破崙法國麵粉	405
40℃ 礦泉水	405
合計	1215

＊純水沒有礦物質、沒有其他雜質，第一天起種單純只有酵母菌生成。後面三天都是使用礦泉水，利用礦泉水中的礦物質，帶給酵母菌能量，增加活性。

保存：冷藏 5℃
期限：10 天
使用依據：PH 值 3.8 ～ 4

作法

1. 將第三天原種取出；鋼盆放入所有材料，使用打蛋器將材料充分拌勻，粉類須完全溶解，麵團終溫為 30 ～ 32℃。
2. 玻璃罐洗淨晾乾，噴上酒精消毒，以衛生紙擦拭乾淨放入拌勻材料蓋起，移至發酵室，在溫度 27℃ / 濕度 80% 環境中靜置 4 小時。

＊PH 值 4.6 以上就不能使用於麵包製作了，須馬上再續種一次。

「魯邦種」續種方法

※ 5℃保存的魯邦種以10天為限，10天內至少要續種一次，避免魯邦種菌因營養不良大量死亡。

※ 發酵後1.5～3小時內再量一次PH值，確定PH值是否在3.8～4之間，剛續種好未發酵前PH值會比較高，等發酵後PH值會慢慢趨於正常。

材料	重量 (g)
海藻糖膠	5
魯邦原種	300
拿破崙法國麵粉	600
40℃礦泉水	750
合計	1655

作法

1. 鋼盆放入所有材料，使用打蛋器將材料充分拌勻，粉類須完全溶解，麵團終溫為30～32℃。

2. 玻璃罐洗淨晾乾，噴上酒精消毒，以衛生紙擦拭乾淨放入拌勻材料蓋起，移至發酵室，在溫度27℃／濕度80%環境中發酵6小時。

魯邦種酵種 （添加麵包的使用量：10～15%）

保存辦法：發酵後整袋放入冰箱中，冷藏5℃保存
使用期限：3天內用完（否則會太酸）

魯邦種酵種會慢慢長大

新手版配方

材料	重量 (g)
魯邦種酵母麵粉	40
拿破崙法國麵粉	100
水	93
麥芽精	0.2
合計	233.2

入門版配方

材料	重量 (g)
魯邦種（P.15）	85
拿破崙法國麵粉	100
水	48
麥芽精	0.2
合計	233.2

入門版配方作法

1. 麥芽精與水先混勻；所有材料放入攪拌缸，低速打3分鐘，轉中速打2分鐘，麵團起缸溫度夏天為26℃，冬天為27℃。（圖1～4）

2. 玻璃罐洗淨晾乾，噴上酒精消毒，以衛生紙擦拭乾淨放入拌勻材料蓋起，移至發酵室，在溫度28℃／濕度75%環境中靜置發酵。（圖5～7）

3 使用「入門版配方」在 28℃ 的環境中發酵 4 小時，若能達到原始的 2 倍高度即代表可以使用。使用「新手版配方」發酵 15 ～ 18 小時，若能達到原始的 2 倍高度，即可放入冰箱中，冷藏 5℃ 保存。

圖1　　圖2　　圖3　　圖4
圖5　　圖6　　圖7

魯邦種法國老麵種 （添加麵包的使用量：10%）

保存辦法：發酵後整袋放入冰箱中，冷藏5℃ 保存
使用期限：3 天內用完（否則會太酸）

新手版配方

材料	重量(g)
魯邦種酵母麵粉	5
拿破崙法國麵粉	100
水	105
麥芽精	0.2
合計	210.2

入門版配方

材料	重量(g)
魯邦種（P.15）	10
拿破崙法國麵粉	100
水	100
麥芽精	0.2
合計	210.2

入門版配方作法

1 麥芽精與水先混勻；所有材料放入攪拌缸，低速打 3 分鐘，轉中速打 2 分鐘，麵團起缸溫度夏天為 26℃，冬天為 27℃。

2 玻璃罐洗淨晾乾，噴上酒精消毒，以衛生紙擦拭乾淨放入拌勻材料蓋起，移至發酵室，在溫度 28℃／濕度 75% 環境中靜置發酵。

3 使用「入門版配方」在 28℃ 的環境中發酵 4 小時，若能達到原始的 2 倍高度即代表可以使用。

使用「新手版配方」發酵 15 ～ 18 小時，若能達到原始的 2 倍高度，即可放入冰箱中，冷藏 5℃ 保存。

魯邦種酵母頭 （添加麵包的使用量：10%）

魯邦種酵母頭會慢慢浮起 ⋯⋯⋯⋯▶

保存辦法：冷藏5℃保存
使用期限：7天內用完（否則會太酸）

＊將材料與魯邦種酵母頭營養水一起泡著，保存7天，藉由酵母頭營養水把魯邦種的醋酸洗掉，「魯邦種酵母菌」發酵的速度與乳酸菌風味、香氣會比較好控制，再放入冰箱冷藏，讓它慢慢發酵，一個禮拜重新餵養一次，節省時間與材料損耗。

新手版配方

材料 A	重量 (g)
魯邦種酵母麵粉	5
拿破崙法國麵粉	100
水	60
麥芽精	0.2
二砂糖	3
海藻糖膠	5
合計	173.2

魯邦種酵母頭營養水

冷開水	100
海藻糖膠	10
合計	110

入門版配方

材料 A	重量 (g)
魯邦種（P.15）	10
拿破崙法國麵粉	100
水	55
麥芽精	0.2
二砂糖	3
海藻糖膠	5
合計	173.2

魯邦種酵母頭營養水

冷開水	500
海藻糖膠	50
合計	550

作法

1 材料 A 之水與麥芽精先混勻；將材料 A 放入攪拌缸，低速打 3 分鐘，轉中速打 2 分鐘，麵團起缸溫度夏天為 26℃，冬天為 27℃，以摺疊手法收整為圓團。（圖 1～4）

2 玻璃罐洗淨晾乾，噴上酒精消毒，以衛生紙擦拭乾淨放入拌勻材料。（圖 5）

3 使用「**新手版配方**」在溫度 28℃ / 濕度 75% 的環境中靜置發酵 15～18 小時後，泡入混勻的魯邦種酵母頭營養水中，妥善封存，放入冰箱冷藏 5℃ 保存；使用「**入門版配方**」在溫度 28℃ / 濕度 75% 的環境中靜置發酵 7～8 小時，泡入混勻的魯邦種酵母頭營養水中，妥善封存，放入冰箱冷藏 5℃ 保存。（圖 6～8）

圖 1　圖 2　圖 3　圖 4
圖 5　圖 6　圖 7　圖 8

製種小提醒：

❶ 製作基本種篇章，材料中的「海藻糖膠」皆可用轉化糖漿代替。
「海藻糖膠」是利用海藻糖對食材的保濕作用，熬煮而得的濃縮糖漿。買不到海藻糖膠也可以使用「轉化糖漿」取代，只是轉化糖漿是用蔗糖熬煮，針對食材的保濕作用沒有海藻糖效果那麼好。

❷ 新手版配方中的「魯邦種酵母麵粉」是特別為新手打造的基礎區域，避免讀者起種失敗無法製作，「魯邦種酵母麵粉」可於高雄市來昌、旺來興、台南旺來鄉、台中永誠行、桃園全國食材等購買。

❸ 水活性高的魯邦種，當 PH 值（酸鹼值）在 3.8～4 時，只有「魯邦種酵母菌」可以活在這樣的酸鹼值環境；當發酵好的魯邦種酸鹼值高於 4 以上即不能使用於麵包製作，這是因為在這個環境中會開始有其他雜菌產生，拿來做麵包怕會有拉肚子的風險。

基礎小講堂：材料篇

麵粉介紹

選擇屬於自己風格麵粉製作麵包前，我們需要對麵粉有一定程度的了解與認識：

麵粉是一種由小麥磨成的粉末，分類眾多。「小麥粉」是整粒小麥預先去除麩皮，再碾碎磨粉而得（麩皮含有高營養價值的纖維素）；「全麥麵粉」是整粒小麥沒有預先去除麩皮，直接碾碎磨粉而得。

麵粉都有灰分標示，灰粉是小麥麩皮、胚芽等部位所含的礦物質成份，根據灰分含量數字的大小，可以了解麵粉特性。

T（Type）後方數字愈小，表示含有的麩皮量低，精製程度高（有去除麩皮），麵粉顏色白。

T（Type）後方數字愈大，表示含有的麩皮量高，精製程度低（未去除麩皮），麵粉顏色深。

按蛋白質含量，目前通常把麵粉分為三類：

❶ **高筋麵粉　約為 T65**

有強力粉、麵包粉，蛋白質含量為 12%～15%，灰分 0.38。高筋麵粉適宜製作吐司麵包、全麥麵包、雜糧麵包、奶油麵包、調理麵包、軟式餐包、披薩等。

❷ **中筋麵粉　約為 T55**

有通用粉、中蛋白質粉，蛋白質含量為 9%～11%，灰分：0.42。中筋麵粉適宜做水果蛋糕，也可以用來製作歐式麵包、全麥麵包、雜糧麵包、拐杖麵包、鄉村麵包、饅頭麵包。

❸ **低筋麵粉　約為 T45**

有蛋糕粉、餅乾粉，蛋白質含量為 7%～9%，灰分：0.4。低筋麵粉適宜製作海棉、戚風類蛋糕、奶油蛋糕、長崎蛋糕、西式與日式糕點、餅乾、鬆餅等。

酵母的產品搭配比例

使用純魯邦種取代商業酵母粉，在歐式麵包配方使用比例為對麵粉的 10%，軟歐式麵包配方使用比例為對麵粉的 20%，甜麵包配方使用比例為對麵粉的 20%，還需再搭配魯邦酵種或魯邦種酵母頭對麵粉的 5%。

如何把「魯邦種酵母麵粉」活化為「魯邦種」

材料	重量 (g)
魯邦種酵母麵粉	100
40℃ 開水	100

作法

1 鋼盆放入所有材料，使用打蛋器將材料充分拌勻，粉類須完全溶解。

2 保鮮膜蓋起，移至發酵室，在溫度 27℃／濕度 80% 環境中靜置 12～18 小時。

＊魯邦種酵母麵粉可以直接與材料一同攪拌，若想將酵母麵粉活化成魯邦種，將等量的粉與等量的水混勻，在溫度 27℃／濕度 80% 的環境中發酵 12～18 小時，魯邦種就能活化完成。

＊將魯邦種酵母麵粉活化的目的是用於製作「酵種、法國老麵種、酵母頭」，內文若出現酵母麵粉取代「魯邦種」的配方，則所有材料可一同攪打，不須預先活化為魯邦種。

＊若魯邦種起種失敗，可以使用魯邦種酵母粉來代替，其換算方法為「將配方中的魯邦種除以二，即得魯邦種酵母粉用量與水的加入量」。假設使用 100 公克魯邦種，300 公克水，則 100/2=50，即得魯邦種酵母麵粉用量 50 公克，水用量 350 公克。再將基本發酵時間增加為 18 小時，後面製程就不影響了。

烘焙百分比

烘焙百分比是以麵粉的重量換算其他材料的重量比例，也就是**固定將麵粉的重量設定為 100%**，再依照其他材料佔麵粉百分比的比例來計算重量，配方中的百分比總和會超過 100%。

如何計算配方中的百分比呢？假如麵包配方中的高筋麵粉是 1000 公克，即把這個 1000 公克設定為 100%，酵母粉若為 12 公克，其設定百分比為 χ。

計算條件：

　高筋麵粉 1000g　　設為 100%
　酵母粉 12g　　　　設為 χ

計算方式：

　1000g * χ = 12g * 100%
　χ = 12g * 100% / 1000
　χ = 1.2%

☞ 由此便可推算所有配方的百分比，可以自由加減用量。

水溫？麵團終溫？如何計算各項烘焙係數

一般攪拌麵包公式　　（理想麵團終溫 *3）- 室內操作溫度 - 麵粉溫度 - 機器攪拌摩擦溫 = 水溫

義大利攪拌麵包公式　　係數 55 - 室內操作溫度 - 麵粉溫度 = 水溫

※ 係數：50～60，係數值會隨著攪拌時間調整。攪拌時間長、機器磨擦溫高，係數則愈低；反之則愈高。

【範例】攪拌時間條件：慢速 3 分鐘，中速 2 分鐘，下油脂慢速 3 分鐘，中速 5 分鐘。假設理想麵團溫度 26℃，室內操作溫度 22℃，麵粉溫度 22℃，機器攪拌摩擦溫 23℃，使用公式計算。

一般攪拌麵包公式							
理想麵團終溫 *3	減	室內操作溫度	減	麵粉溫度	減	機器攪拌摩擦溫	等於	水溫
(26*3)	-	22	-	22	-	23	=	11

義大利攪拌麵包公式					
係數	減	室內操作溫度	減	麵粉溫度	等於	水溫
55	-	22	-	22	=	11

剔除了我們無從得知的「機器攪拌摩擦溫」

結論：義大利攪拌麵包公式是一般攪拌麵包公式的進化好上手版本，為同一個公式去演化的，係數會隨著理想麵團溫度、攪拌時間而更動。

基礎小講堂：餡料篇

歐丁奶油乳酪餡

| 歐丁奶油乳酪 | 185g |
| 上白糖 | 37g |

作法
所有材料全部拌勻即可。

覆盆子歐丁乳酪餡

覆盆子	40g
歐丁奶油起司	100g
依思妮動物鮮奶油	40g

作法
所有材料全部拌勻即可。

藍莓歐丁乳酪餡

藍莓	45g
歐丁奶油起司	100g
依思妮動物鮮奶油	40g

作法
所有材料全部拌勻即可。

焦糖核桃歐丁乳酪餡

作法
1. 核桃碎預先烤香備用；將上白糖與水混合，以小火煮成焦糖，放冷，與烤過的核桃碎拌勻備用。
2. 焦糖核桃與歐丁奶油起司、上白糖混勻，拌入總統動物鮮奶油混勻。

焦糖核桃	
核桃碎	45g
上白糖	30g
水	9g

焦糖核桃乳酪餡	
焦糖核桃	45g
歐丁奶油起司	150g
上白糖	30g
總統動物鮮奶油	30g

蒜末椒粒歐丁乳酪餡

歐丁奶油起司	100g
蒜粉	5g
青蔥末	適量
黑胡椒粒	適量
依思妮動物鮮奶油	20g
新鮮蒜末	1.5g
岩鹽	1g

作法
所有材料全部拌勻即可。

紅椒雙蔥歐丁乳酪餡

歐丁奶油起司	100g
洋蔥碎	50g
紅椒粉	2g
青蔥末	適量
黑胡椒粒	適量
依思妮動物鮮奶油	20g
岩鹽	1g

作法
所有材料全部拌勻即可。

咖啡歐丁奶油乳酪餡

歐丁奶油乳酪	185g
上白糖	60g
咖啡醬	10g

咖啡醬	
即溶咖啡粉	5g
冷開水	5g

作法
咖啡醬混勻；將所有材料全部拌勻即可。

越式醃白蘿蔔（無配料）

工研白醋	200g
細砂糖	220g
白蘿蔔	300g
鹽	3g

作法
1. 工研白醋、細砂糖放入鍋中一同煮開，放冷備用。
2. 白蘿蔔洗淨，去頭尾削皮切絲；鋼盆放入白蘿蔔絲、鹽一同醃至出水，以活水洗淨，擠乾水分。
3. 所有材料一同放入保鮮盒，封起冷藏12小時。

越式醃白蘿蔔（有配料）

工研白醋	200g
細砂糖	220g
白蘿蔔	300g
鹽	3g
新鮮紅辣椒	1支
香菜	10g

作法
1. 工研白醋、細砂糖放入鍋中一同煮開，放冷備用。
2. 白蘿蔔洗淨，去頭尾削皮切絲；鋼盆放入白蘿蔔絲、鹽一同醃至出水，以活水洗淨，擠乾水分。
3. 新鮮紅辣椒洗淨，去籽切末；香菜洗淨切碎；所有材料一同放入保鮮盒，封起冷藏12小時。

維也納餡

無鹽奶油	125g
細砂糖	50g

作法
預先將無鹽奶油室溫軟化，軟化後加入細砂糖拌勻。

明太子醬

無鹽奶油	100g
沙拉醬	70g
明太子	100g
新鮮檸檬汁	15g

作法
1. 無鹽奶油置於室溫軟化，軟化至手指可順利壓下的程度。
2. 無鹽奶油、沙拉醬放入鋼盆拌勻。
3. 加入明太子拌勻，加入新鮮檸檬汁拌勻。

香蒜餡

無鹽奶油	150g
無水奶油	100g
糖粉	13g
蒜碎	150g
芥末粉	5g
新鮮巴西利葉碎	適量

作法
1. 無鹽奶油置於室溫軟化，軟化至手指可順利壓下的程度。
2. 無鹽奶油、無水奶油、糖粉放入鋼盆拌勻。
3. 加入蒜碎、芥末粉拌勻。
4. 加入新鮮巴西利葉碎

＊配方中的香蒜餡為生餡，蒜頭沒有經過熱製處理，建議抹上麵包後須再烤3～5分鐘，烤至香氣散發拌勻。

青蔥餡

青蔥珠	200g
無水奶油	160g
海鹽	3g
糖粉	6g

作法
將所有材料全部拌勻即可。

＊配方中的青蔥餡為生餡，青蔥沒有經過熱製處理，建議抹上麵包後須再烤3～5分鐘，烤至香氣散發。

韓國泡菜餡

▼ 主材料
大白菜（或高麗菜）	中型 1 顆
鹽	適量

▼ 副材料

香菜 30g、青蔥 60g、洋蔥 150g、白菜頭 125g、紅蘿蔔 50g、薑 30g、蒜頭 80g

▼ 調味料

細砂糖 40g、韓國魚露 120g、韓國辣椒粉 60g

作法

1. 大白菜（或高麗菜）剝開洗淨，加入鹽抓醃，出水殺青擠乾備用。
2. 香菜、青蔥洗淨去除尾部；洋蔥去頭尾剝皮，切四塊；白菜頭、紅蘿蔔洗淨，切去頭尾去皮切塊；薑洗淨去皮切塊；蒜頭剝皮。將所有副材料以調理機打勻。
3. 鋼盆加入副材料、調味料、殺青擠乾的大白菜（或高麗菜）冷藏一天以上，入味即可食用。

原味波蘿餡

A：依思妮無鹽奶油 50g、純糖粉 35g、海藻糖 15g、全脂奶粉 10g
B：蛋 35g、海藻糖膠 5g
C：鷹牌高筋麵粉 100g

作法

1. 材料 A 放入攪拌缸中，以扇形攪拌器打發。
2. 分次加入材料 B 混勻，分次加入材料 C 調整菠蘿餡軟硬度。

炒麵餡

義大利麵	100g	大蒜末	30g
香菇片	適量	鹽	5g
洋蔥丁	1/4 顆	鮮雞粉	5g
紅椒丁	1/4 顆	黑胡椒粗粒	5g
黃椒丁	1/4 顆	動物性鮮奶油	50g
培根片	8 片		

作法

1. 鍋子加入 500c.c. 水煮滾，加入少許鹽、義大利麵，煮至麵條熟成，撈起瀝乾。
2. 鍋子放入 2 大匙橄欖油、大蒜末、香菇片、洋蔥丁炒香，炒至洋蔥微微透明，加入紅椒丁、黃椒丁炒香，加入培根炒香。
3. 加入調味料炒勻，關火後加入動物性鮮奶油拌勻。

可可菠蘿巧克力餡

原味菠蘿餡	50g
戴飛小鷹可可粉	5g
鷹牌高筋麵粉	100g

作法

1. 備妥未加材料 C 的「原味菠蘿餡」；攪拌缸放入原味菠蘿餡、戴飛小鷹可可粉，以扇形攪拌器拌勻。
2. 分次加入鷹牌高筋麵粉調整菠蘿餡軟硬度。

小山圓抹茶菠蘿餡

原味菠蘿餡	148g
小山圓抹茶粉	2g
鷹牌高筋麵粉	118g

作法

1. 備妥未加材料 C 的「原味菠蘿餡」；攪拌缸放入原味菠蘿餡、小山圓抹茶粉，以扇形攪拌器拌勻。
2. 分次加入鷹牌高筋麵粉調整菠蘿餡軟硬度。

披薩醬

聖女番茄	**144g**
番茄糊	**68g**
橄欖油	**15g**
乾燥奧勒岡	**適量**
蒜頭碎	**5g**
新鮮九層塔	**20g**

作法

1. 洗淨聖女番茄，去除蒂頭；購買現成番茄糊，或洗淨牛番茄，去除蒂頭打碎使用；洗淨新鮮九層塔。
2. 調理機放入「披薩醬」所有材料，一同打碎即可。

紅豆餡

蒸好紅豆粒	**325g**
細砂糖	**33g**
海藻糖	**25g**
海藻糖膠	**10g**
麥芽糖	**41g**

作法

1. 紅豆粒泡水冷藏一晚，預先蒸熟，蒸熟後秤出精準的325g。
2. 鍋子加入所有材料，以中火煮至收汁，煮製期間須不停翻拌，翻拌動作要迅速確實，底部才不會燒焦，盛起，放冷備用。

＊紅豆餡可以收到乾一些，包餡才會好操作，否則濕的紅豆餡在包入餡料時容易沾到麵團表面，較不美觀。

那些烘焙二三事

攪拌技巧——「直接法」

將所有的材料（除了油脂）放入攪拌缸，注意鹽與酵母要分區放置，將麵團攪拌至光滑，再加入奶油攪拌至想要的麵團程度。直接法簡單不複雜，是初學者最快上手的麵包攪拌方法。

攪拌技巧——「後鹽法」

鹽有兩個主要功能，一是增強麵團延展性、強化麵筋；二是抑制與調節酵母生長（鹽會使酵母死亡）。在攪拌麵包時先將主材料一同攪打成團，把筋性攪打出來後，再與奶油一起下鹽，即為「後鹽法」。如果在主材料攪打時一同下鹽，鹽會減緩出筋速度，影響麵團吸水性使黏性增加，延長麵團攪拌時間。

攪拌技巧——「中種法」

又稱二次攪拌法。第一次攪拌取配方中 30%～80% 的麵粉、比麵粉重 55%～60% 的水，混合攪拌至光滑的麵團，此為「中種麵團」。第二次攪拌將基本發酵後體積膨脹至 2 倍大的中種麵團，加入其他原料（除了油脂）攪拌成團，確認糖充分融解被麵團吸收後，再加入油脂攪拌至擴展（或完成擴展），完成可以拉出薄膜的「主麵團」。中種法具有讓麵包組織溼潤、柔軟的優點。

攪拌技巧——「宵種法」

將中種麵團冷藏或室溫發酵至隔夜，再加入主麵團攪拌即為「宵種法」。宵種法可以使中種麵團具有老麵的優點，延長麵團發酵時間，發酵時可以抑制雜菌，不用再多添加化學改良劑、乳化劑、防腐劑、人工香精等；可以作出外部鬆脆、口感有濃郁熟成麥香風味的麵包，並讓麵包柔軟Q彈、內部組織溼潤，具有常溫下不易老化的特性。

擴展與擴展完成
攪拌麵包到「擴展」階段，麵團拉薄膜拉到破裂，斷面會有鋸齒狀的痕跡；攪拌麵包到「擴展完成（或完全擴展）」階段，麵團拉薄膜拉到破裂，斷面會有齒痕，破口會是圓潤的弧形。

基本發酵
讓酵母菌、細菌等微生物分解有機化合物，生成醇類、二氧化碳等的過程，發酵對環境的溫度、濕度有一定的要求，通常基本發酵的溫度需控制在 26～28℃，提供幫助酵母菌的滋長環境；濕度則維持在 75～80%，麵團的外皮才不會因為濕度太低而乾燥結皮，影響麵團膨脹。

＊魯邦種的發酵需要穩定的環境，須備有可控制溫濕度的發酵箱。

翻麵的作用與技巧
作用：麵團經過長時間發酵後容易有溫度不均的情況，麵團內充斥過多發酵時產生的二氧化碳（二氧化碳會抑制發酵），翻麵即為輕巧的排出二氧化碳，替換新鮮空氣刺激發酵，讓發酵可以更順利的進行。

技巧：把麵團拉往鋼盆中央，左右麵團各往中心摺疊，手掌輕拍，將二氧化碳輕輕排出，動作切忌太用力！否則會破壞麵筋結構。最後將麵團反著放，讓原來朝下的麵團朝上，使麵團平均發酵。

分割滾圓
麵團以切麵刀分出小團，放上電子秤秤量即為分割。滾圓是將分割好的麵團以手掌空抓，麵團會在手掌與桌面間慢慢滾圓成圓球狀，手掌→麵團要保留一定的空間，麵團中的氣體在滾圓過程不可被全部排出。

中間發酵
麵團只要被動過（包含摺疊收整、滾圓、整形……等）皆會產生筋性，需要再經過短時間的鬆弛發酵，才能進入下一步製作程序。

整形
將麵團整形為理想的形狀，過程中可取適量高筋麵粉作為手粉，避免麵團黏在手上；整形手法需快速且輕巧確實，不可過度排出空氣，也不可用力過猛將酵母全數壓死。

最後發酵
麵團經過整形，原本存在於內部的氣體會被擠掉、排出，此時的麵團若沒有發酵就直接烤焙，烤熟的麵包體積會又小又硬，又因為內部空氣被排出，組織會過度緊密、缺乏膨鬆感；因此整形後我們需要再進行一次「最後發酵」，讓麵團內部重新充滿氣體，烤出來的麵包才會美味。

＊魯邦種的發酵需要穩定的環境，須備有可控制溫濕度的發酵箱。

烤焙須知
1. 預熱：烤焙前預熱烤箱，讓烤箱內部達到指定溫度，麵團送入爐便能於穩定的環境中烘烤。
2. 排放：烤焙時須預留麵團脹發空間，間距相等的排入烤盤，避免麵團脹發後黏在一起。
3. 數據：為什麼我照著食譜說的烤 10 分鐘，但卻沒有烤熟呢？

這是因為每家烤箱不同，溫度時間也會略有差異，讀者可先購買「烤箱溫度計」，第一次烘烤先按照食譜數據，根據成品微調各項數值；假若以上火 180℃ ／下火 200℃ 烤 10 分鐘，麵包熟成，但表面上色過深，則可在烤至上色時調降上火，或加蓋烤焙紙；假如以上火 180℃ ／下火 200℃ 烤 10 分鐘，麵包未熟，但表面金黃完美，則可加強下火溫度，將麵團烤至熟成。

4. 完成：吐司烤焙前要先在模具噴上烤盤油（或抹奶油）避免烤熟的麵包黏在模具上，脫模不易。置於烤盤烘烤的麵包，出爐後請戴上隔熱手套，將烤盤移至散熱架；以模具烘烤的麵包，出爐後則須輕敲桌面，先讓熱氣散開再置於散熱架放涼。

麵包問答 Q&A

Q1：配方中的「海藻糖膠」是海藻糖嗎？要如何順利購買呢？
Ans　「海藻糖膠」是利用海藻糖對食材的保濕作用，進而熬煮而得的濃縮糖漿，如果真的找不到「海藻糖膠」也可以使用轉化糖漿取代，只是轉化糖漿是用蔗糖熬煮，針對食材的保濕作用沒有海藻糖效果那麼好。

Q2：本書中的法國麵粉，是否有分 T55、T65 等品項呢？
Ans　本書所使用的「法國麵粉」指的是日本製粉拿破崙法國麵粉，並非 T55、T65 法國粉。

Q3：戴飛小鷹可可粉、法芙娜可可粉；鷹牌高筋麵粉、凱薩琳高筋麵粉；總統動物鮮奶油、依思妮動物鮮奶油……書中的材料品項好多，我可以全都統一為某種材料嗎？
Ans　每個原料都有其品質及特性，使用品牌原料，有助我們製作的麵包成品風味更好，可以參考「原料特色比一比」，了解材料特色。

項目	說明
鑽石低筋麵粉	灰分：0.4，蛋白質：8.3，粉質顆粒小製作蛋糕組織較細緻，保濕性佳，入口即化。
鷹牌高筋麵粉	灰分：0.38，蛋白質：12，吸水性特佳，保濕性及出糖率好，製作天然酵母長時間發酵的歐式麵包、吐司最能有發酵的甘甜味！
凱薩琳高筋麵粉	灰分：±0.35，蛋白質：±11.6，只萃取小麥最高等級小麥粉心，組織不易老化，具有獨特的高水量風味口感。
戴飛小鷹可可粉	戴飛小鷹可可粉打麵團最漂亮。
法芙娜可可粉	法芙娜可可粉做的麵包風味最好。
總統動物鮮奶油	成份：奶脂、奶蛋白、鹿角菜膠，乳脂含量：35.1%，產自法國布列塔尼及諾曼地等地區，添加物少，乳香味濃純，濃厚的芳香帶出馥郁的口感，加入製作麵包增加乳香風味。
依思妮動物鮮奶油	成份：乳脂、鹿角菜膠、脂肪酸甘油脂，乳脂含量：35%，使用傳統手工攪拌製程，添加物少，濃密的質地有著榛果風味和濃郁奶香，加入製作麵包可增加榛果、濃郁奶香、乳香風味。
丸久小山園抹茶粉	丸久小山園是京都的老字號品牌，已創立 300 多年，歷史悠久，地位屹立不搖。食品用抹茶有分成「若竹」、「綠樹」、「白蓮」三種等級。頂級抹茶為「若竹」，風味濃純芳香，最為順口，是許多甜點人的愛用品牌。

Chapter 2
「基本型」傳統法國麵包的技術運用

將魯邦種製作各式的酵種混合使用增加香氣
改良天然酵母菌所需的長時間發酵，縮短發酵時間

我常在想，要如何將魯邦種製作的三款麵種混合使用在配方中，提高現有酵母菌發酵力道不足的缺點。本篇將魯邦種技術運用在法國麵包中，在原有的基礎上加入魯邦種酵種提升發酵力道，與商業酵母截然不同的口感，將小麥的芬芳香氣進一步引導出來，入口甘甜，回味十足。

Bread A
法國魔杖麵包

小筆記
直接法
後鹽法

入門版：法國麵包麵團

材料名稱	百分比（%）	重量（g）
A 拿破崙法國麵粉	100	320
魯邦種酵種（P.16）	15	48
魯邦種（P.15）	15	48
麥芽精	0.1	0.3
水	55	176
海藻糖膠	10	32
B 岩鹽	2	6.4
合計	197.1	630.7

新手版：法國麵包麵團

材料名稱	百分比（%）	重量（g）
A 拿破崙法國麵粉	100	360
魯邦種酵母麵粉	5	18
麥芽精	0.1	0.3
水	60	216
海藻糖膠	10	36
B 岩鹽	2	7.2
合計	177.1	637.5

麵團溫度	夏天 28℃，冬天 30℃
基本發酵	使用「入門版：法國麵包麵團」9 小時 使用「新手版：法國麵包麵團」18 小時
分割重量	300g/1 顆
中間發酵	30 分鐘
整形樣式	法國魔杖麵包
最後發酵	60 分鐘
烤焙數據	先 ▶ 蒸氣 10 秒 / 上火 230℃ / 下火 200℃ / 10 分鐘 後 ▶ 開氣門 / 上火 190℃ / 下火 200℃ / 12 分鐘

❶ 攪拌
❷ 基本發酵
❸ 翻麵
❹ 分割
❺ 中間發酵
❻ 整形
❼ 最後發酵
❽ 烤前裝飾
❾ 烤焙

攪拌

1 攪拌缸加入材料 A，慢速攪打 3 分鐘，轉中速攪打 2 分鐘，打至所有材料成團。

2 加入材料 B，慢速攪打 1 分鐘，轉中速攪打 5 分鐘，打至擴展；麵團起缸溫度夏天為 28℃，冬天為 30℃。

基本發酵

3 工作臺撒上適量手粉，麵團以摺疊方式收整為圓團，放入發酵箱內，參考小筆記進行基本發酵。

翻麵

4 翻麵摺疊三折，拍出空氣，發酵 60 分鐘。

分割

5 工作臺撒適量手粉，參考小筆記進行分割作業，收整為圓形。

中間發酵

6 均勻排入撒上手粉的發酵箱，蓋上帆布，參考小筆記進行中間發酵。

整形

7 整形為法國魔杖麵包樣式。

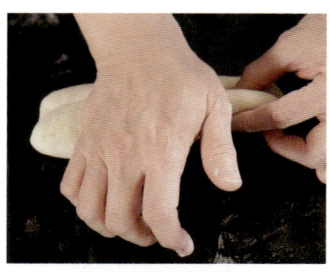
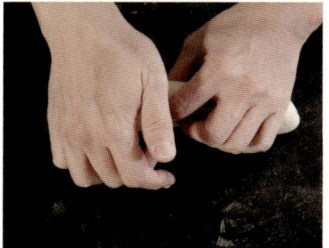
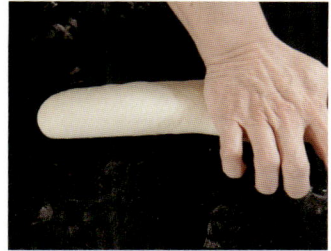

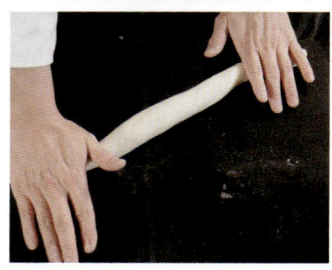

最後發酵

8　烤盤鋪上帆布、撒上手粉均勻排入，參考小筆記進行最後發酵。

烤前裝飾

9　搭配麵包移動板取出麵團，間距相等的排入鋪上烤盤布的烤盤，噴水，均等割3刀裝飾。

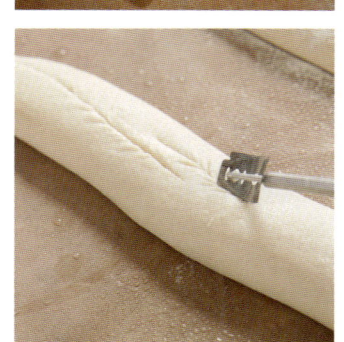

烤焙

10　放入預熱好的烤箱，參考小筆記烤至金黃熟成。

Bread B
法國吐司

入門版：法國吐司麵團

	材料名稱	百分比（%）	重量（g）
A	拿破崙法國麵粉	100	300
	魯邦種酵種（P.16）	15	45
	魯邦種（P.15）	15	45
	上白糖	5	15
	麥芽精	0.1	0.3
	水	55	165
	海藻糖膠	10	30
B	岩鹽	2	6
	無鹽奶油	5	15
	合計	207.1	621.3

新手版：法國吐司麵團

	材料名稱	百分比（%）	重量（g）
A	拿破崙法國麵粉	100	340
	魯邦種酵母麵粉	5	17
	上白糖	5	17
	麥芽精	0.1	0.3
	水	60	204
	海藻糖膠	10	34
B	岩鹽	2	6.8
	無鹽奶油	5	17
	合計	187.1	636.1

小筆記
直接法
後鹽法

麵團溫度	夏天 28℃，冬天 30℃
基本發酵	使用「入門版：法國吐司麵團」9 小時 使用「新手版：法國吐司麵團」18 小時
分割重量	200g/1 顆（3 顆為一條）
中間發酵	30 分鐘
整形樣式	法國吐司整形方法（12 兩吐司模）
最後發酵	60 分鐘
烤焙數據	先 ▶ 蒸氣 10 秒 / 上火 200℃ / 下火 230℃ / 15 分鐘 後 ▶ 開氣門 / 溫度不變 / 15 分鐘

❶ 攪拌
❷ 基本發酵
❸ 翻麵
❹ 分割
❺ 中間發酵
❻ 整形
❼ 最後發酵
❽ 烤焙

攪拌

1 攪拌缸加入材料A，慢速攪打3分鐘，轉中速攪打2分鐘，打至所有材料成團，糖充分溶解。

2 加入材料B，慢速攪打1分鐘，轉中速攪打5分鐘，打至擴展；麵團起缸溫度夏天為28℃，冬天為30℃。

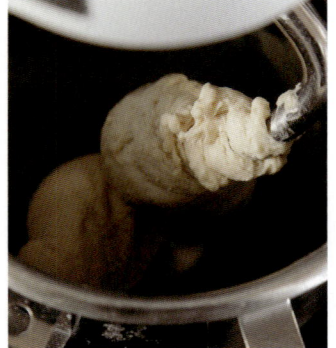

基本發酵

3 工作臺撒上適量手粉，麵團收整為圓團，放入發酵箱內，參考小筆記進行基本發酵。

翻麵

4 翻麵摺疊三折，拍出空氣，發酵60分鐘。

分割

5 工作臺撒適量手粉，參考小筆記進行分割作業，收整為圓形。

中間發酵

6 均勻排入撒上手粉的烤盤，蓋上帆布，參考小筆記中間發酵。

整形

7 取適量手粉收整麵團，放入12兩吐司模中，3顆為一模。

最後發酵

8 蓋上帆布，參考小筆記最後發酵。

烤焙

9 放入預熱好的烤箱，參考小筆記烤至金黃熟成。

「基本型」傳統法國麵包的技術運用／基本麵團B：法國吐司

Bread C 法國鄉村麵包

小筆記
直接法
後鹽法

入門版：法國鄉村麵團

	材料名稱	百分比（%）	重量（g）
A	拿破崙法國麵粉	100	300
A	魯邦種酵種（P.16）	30	90
A	魯邦種（P.15）	15	45
A	麥芽精	0.1	0.3
A	水	55	165
A	海藻糖膠	10	30
B	岩鹽	2	6
	合計	212.1	636.3

新手版：法國鄉村麵團

	材料名稱	百分比（%）	重量（g）
A	拿破崙法國麵粉	100	330
A	魯邦種酵母麵粉	10	33
A	麥芽精	0.1	0.3
A	水	70	231
A	海藻糖膠	10	33
B	岩鹽	2	6.6
	合計	192.1	633.9

裝飾	裸麥粉適量
麵團溫度	夏天 28℃，冬天 30℃
基本發酵	使用「入門版：法國鄉村麵團」9 小時 使用「新手版：法國鄉村麵團」18 小時
分割重量	300g/1 顆
中間發酵	30 分鐘
整形樣式	滾圓，放入撒粉的圓籐籃
最後發酵	60 分鐘
烤焙數據	先 ▶ 蒸氣 10 秒 / 上火 230℃ / 下火 200℃ / 10 分鐘 後 ▶ 開氣門 / 上火 190℃ / 下火 200℃ / 12 分鐘

❶ 攪拌
❷ 基本發酵
❸ 翻麵
❹ 分割
❺ 中間發酵
❻ 整形
❼ 最後發酵
❽ 烤前裝飾
❾ 烤焙

攪拌

1 攪拌缸加入材料 A，慢速攪打 3 分鐘，轉中速攪打 2 分鐘，打至所有材料成團。

2 加入材料 B，慢速攪打 1 分鐘，轉中速攪打 5 分鐘，打至擴展；麵團起缸溫度夏天為 28℃，冬天為 30℃。

基本發酵

3 工作臺撒上適量手粉，麵團收整為圓團，放入發酵箱內，參考小筆記進行基本發酵。

翻麵

4 翻麵摺疊三折，拍出空氣，發酵 60 分鐘。

分割

5 工作臺撒適量手粉，參考小筆記進行分割作業，收整為圓形。

中間發酵

6 均勻排入撒上手粉的發酵箱,蓋上帆布,參考小筆記進行中間發酵。

整形

7 圓碗鋪上帆布、撒上裸麥粉,取出麵團整形,放入碗中。

最後發酵

8 蓋上帆布,參考小筆記進行最後發酵。

烤前裝飾

9 倒扣圓碗,搭配麵包移動板取出麵團,間距相等的排入鋪上烤盤布的烤盤中,噴水撒裸麥粉,割井字4刀。

烤焙

10 放入預熱好的烤箱,參考小筆記烤至金黃熟成。

「基本型」傳統法國麵包的技術運用／基本麵團C:法國鄉村麵包

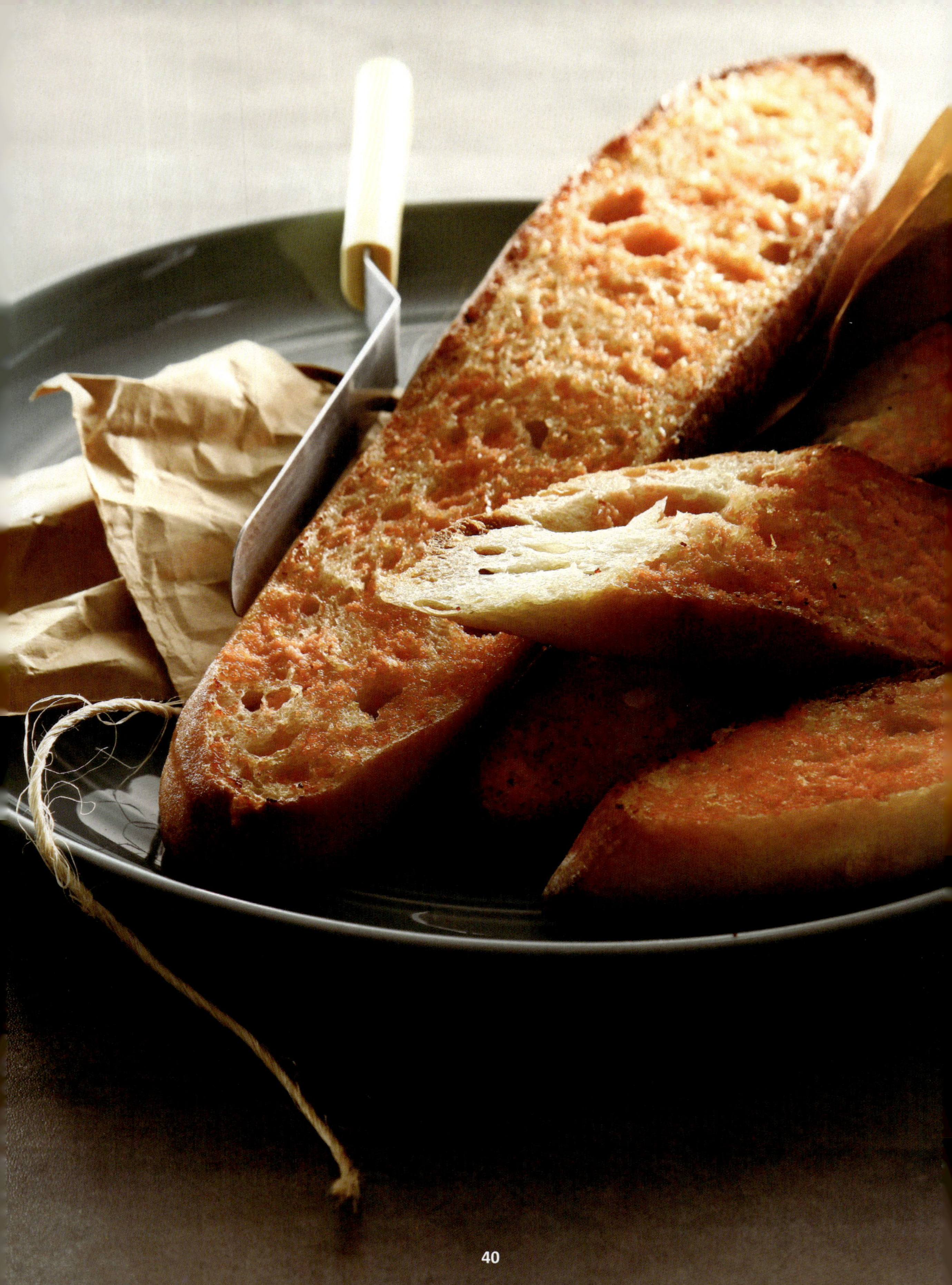

Bread A-1
法國明太子麵包

材料

法國麵包麵團…600g
（詳 P.28～31）
無鹽奶油…100g
裸麥粉…適量
明太子醬…適量
（詳 P.22）
新鮮檸檬皮…適量

- ① 備妥完成攪拌
- ② 基本發酵
- ③ 翻麵
- ④ 分割
- ⑤ 中間發酵
- ⑥ 整形
- ⑦ 最後發酵之麵團，進行烤前裝飾
- ⑧ 烤焙
- ⑨ 抹醬

備妥麵團

1 參考「法國麵包麵團」配方作法，備好最後發酵完之麵團，整形樣式同為法國魔杖麵包。

烤前裝飾

2 法國魔杖麵包烤焙前噴水撒上裸麥粉，中間割 1 刀，擠上室溫軟化的無鹽奶油。

烤焙

3 放入預熱好的烤箱，噴 10 秒蒸氣，以上火 230℃／下火 200℃ 烘烤 10 分鐘，開氣門，溫度調整為上火 190℃／下火 200℃，再烤 12 分鐘。

抹醬

4 戴上隔熱手套取出麵包，稍微放涼後從中間剖開，平面朝上抹上明太子醬。

5 入爐烘烤，以上下火 200℃ 烤 5 分鐘，烤至明太子醬香氣散發，出爐撒上新鮮檸檬皮。

「基本型」傳統法國麵包的技術運用／變化款／法國明太子麵包

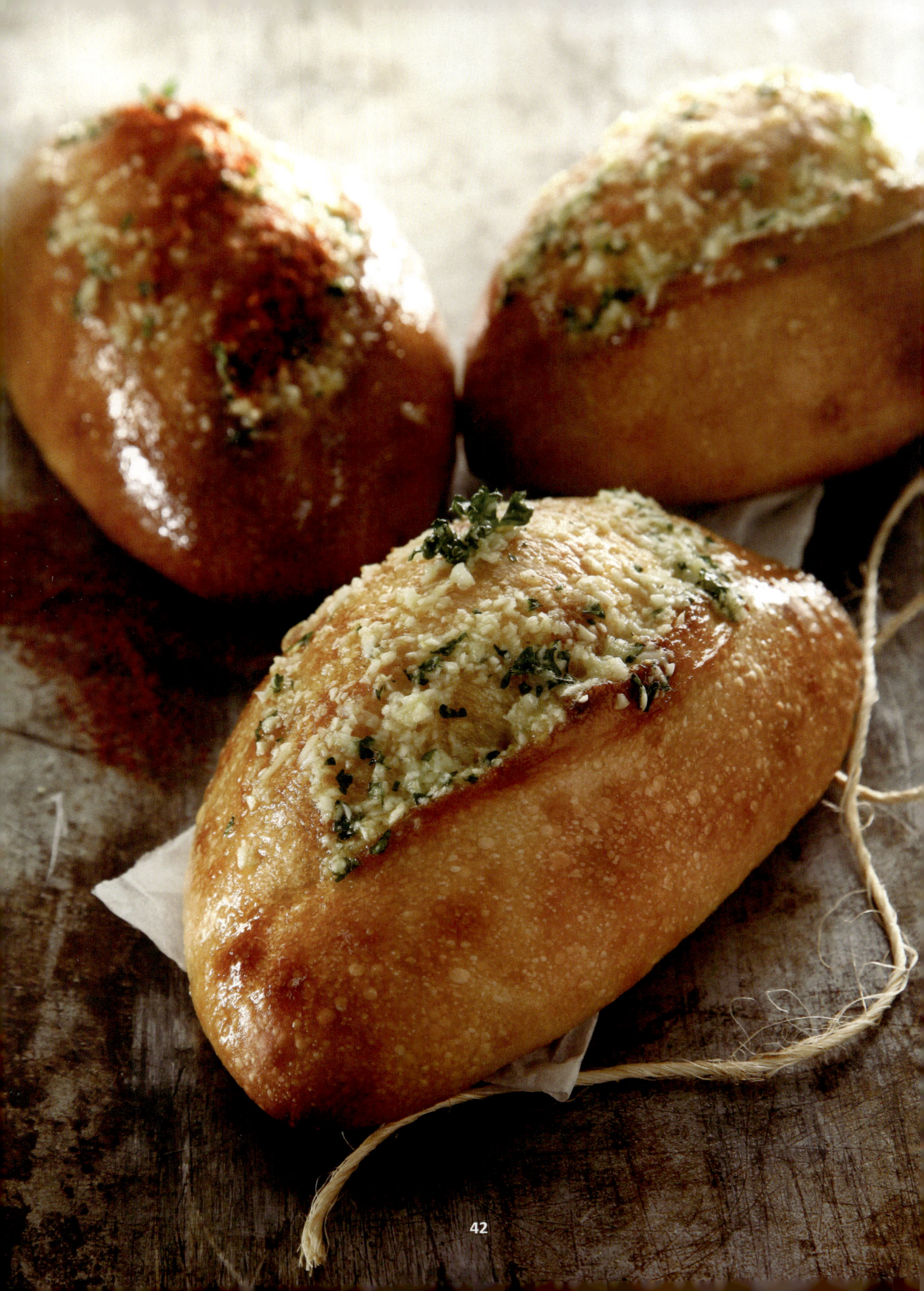

Bread A-2
香蒜法國麵包

材料

法國麵包麵團…600g
（詳 P.28～31）
無鹽奶油…150g
香蒜餡…適量
（詳 P.22）

「基本型」傳統法國麵包的技術運用／變化款／香蒜法國麵包

① 備妥完成攪拌
② 基本發酵之麵團
③ 翻麵
④ 分割
⑤ 中間發酵
⑥ 整形
⑦ 最後發酵
⑧ 烤前裝飾
⑨ 烤焙
⑩ 抹醬

備妥麵團

1 參考「法國麵包麵團」配方作法，備好基本發酵完之麵團。

翻麵

2 翻麵摺疊三折，拍出空氣，發酵60分鐘。

分割

3 工作臺撒適量手粉，麵團分割為200g/1顆，整形為圓形。

中間發酵

4 均勻排入撒上手粉的發酵箱，蓋上帆布，中間發酵30分鐘。

整形

5 取出麵團，整形成橄欖形。

44

最後發酵

6 烤盤鋪上帆布、撒上手粉均勻排入，最後發酵 40 分鐘。

烤前裝飾

7 搭配麵包移動板取出麵團，間距相等的排入鋪上烤盤布的烤盤，烤焙前噴水，中間割 1 刀裝飾，擠上室溫軟化的無鹽奶油。

烤焙

8 放入預熱好的烤箱，噴 10 秒蒸氣，以上火 230℃／下火 200℃ 烘烤 10 分鐘，開氣門，溫度調整為上火 190℃／下火 200℃，再烤 8 分鐘。

抹醬

9 戴上隔熱手套取出麵包，趁熱抹上香蒜餡，再放入烤箱，烤至香氣散發。

「基本型」傳統法國麵包的技術運用／變化款／香蒜法國麵包

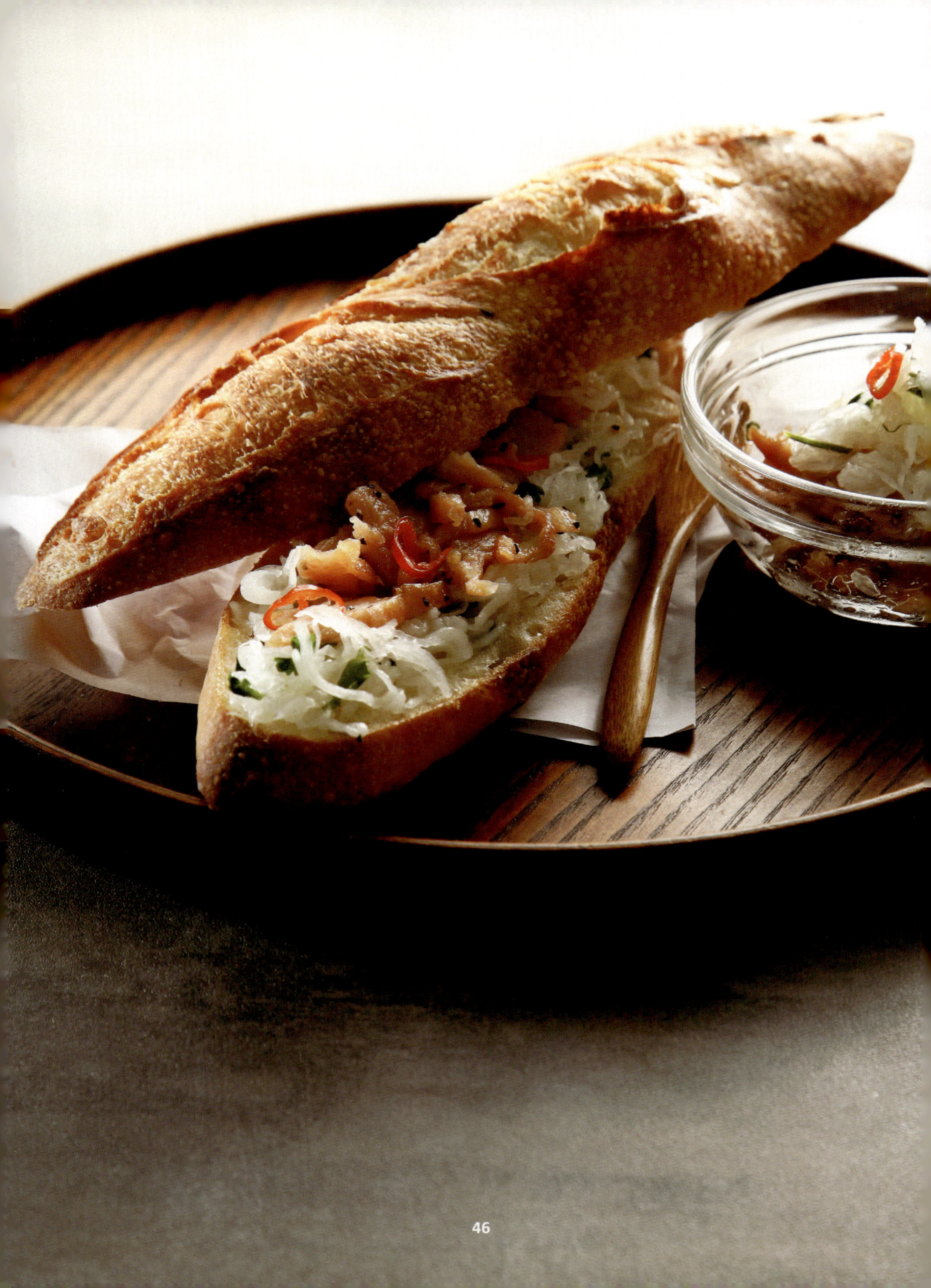

Bread A-3
越式調理燻雞法國麵包

材料

法國麵包麵團…600g
（詳 P.28～31）
橄欖油…30g
燻雞肉…150g
黑胡椒粗粒…5g
越式醃白蘿蔔（有配料）
…適量（詳 P.22）

「基本型」傳統法國麵包的技術運用／變化款／**越式調理燻雞法國麵包**

- ❶ 備妥完成攪拌
- ❷ 基本發酵
- ❸ 翻麵
- ❹ 分割
- ❺ 中間發酵
- ❻ 整形
- ❼ 最後發酵
- ❽ 烤前裝飾
- ❾ 烤焙之麵包

黑胡椒燻雞肉作法

1. 鍋子洗淨擦乾，熱鍋加入橄欖油，中小火熱油 20 秒。
2. 加入燻雞肉小火翻炒均勻，炒至有香氣出來後加入黑胡椒粗粒拌勻。
3. 起鍋盛盤，放涼備用。

麵團與組合作法

1 參考「法國麵包麵團」配方作法，備好烘烤完成之麵包。

2 取一支法國魔杖麵包中間切開，放入越式醃白蘿蔔、黑胡椒燻雞肉即可。

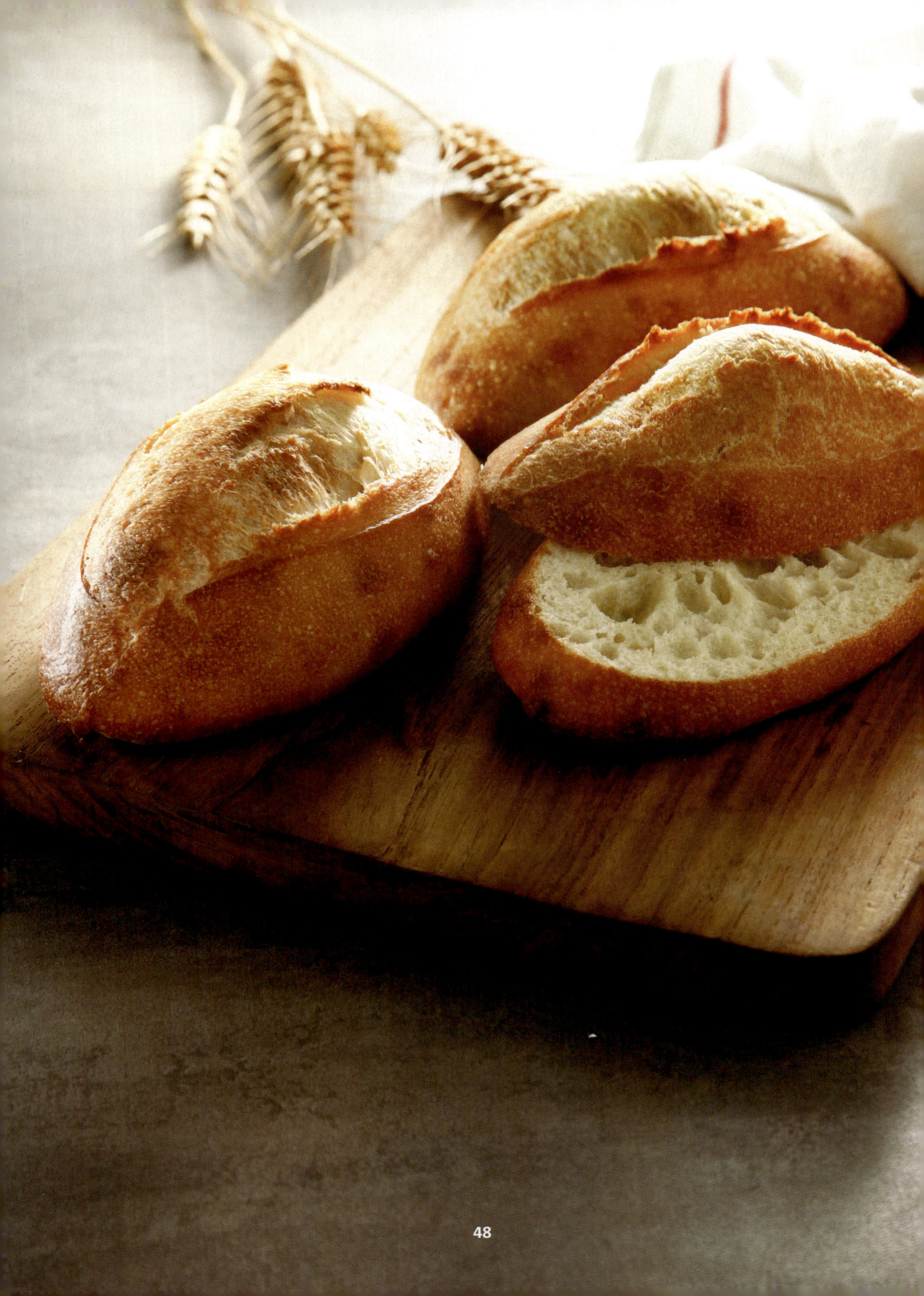

Bread A-4
橄欖形法國麵包

材料

法國麵包麵團…600g
（詳 P.28～31）
無鹽奶油…100g

「基本型」傳統法國麵包的技術運用／變化款／橄欖形法國麵包

1. 備妥完成攪拌
2. 基本發酵之麵團
3. 翻麵
4. 分割
5. 中間發酵
6. 整形
7. 最後發酵
8. 烤前裝飾
9. 烤焙

備妥麵團

1 參考「法國麵包麵團」配方作法，備好基本發酵完之麵團。

翻麵

2 翻麵摺疊三折，拍出空氣，發酵60分鐘。

分割

3 工作臺撒適量手粉，麵團分割為200g/1顆，整形為圓形。

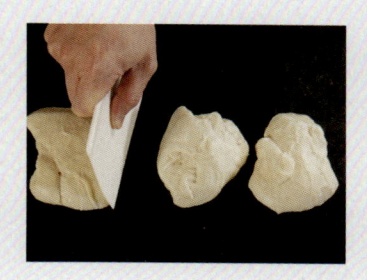

49

中間發酵

4 均勻排入撒上手粉的發酵箱,蓋上帆布,中間發酵 30 分鐘。

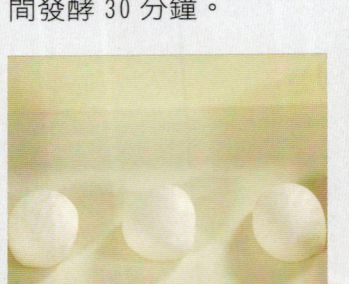

整形

5 取出麵團,整形成橄欖形。

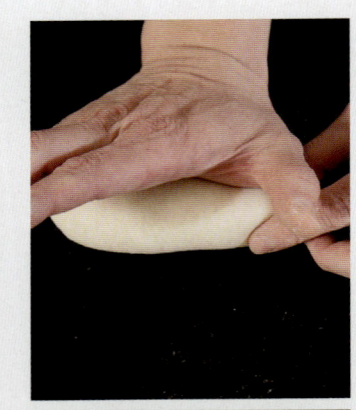

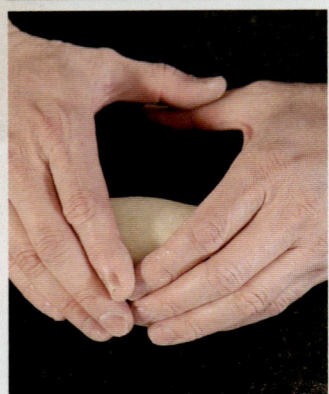

最後發酵

6 烤盤鋪上帆布、撒上手粉均勻排入,最後發酵 40 分鐘。

烤前裝飾

7 搭配麵包移動板取出麵團,間距相等的排入鋪上烤盤布的烤盤,烤焙前噴水,中間割 1 刀裝飾,擠上室溫軟化的無鹽奶油。

烤焙

8 放入預熱好的烤箱,噴 10 秒蒸氣,以上火 230℃／下火 200℃ 烘烤 10 分鐘,開氣門,溫度調整為上火 190℃／下火 200℃,再烤 8 分鐘。

「基本型」傳統法國麵包的技術運用／變化款／**橄欖形法國麵包**

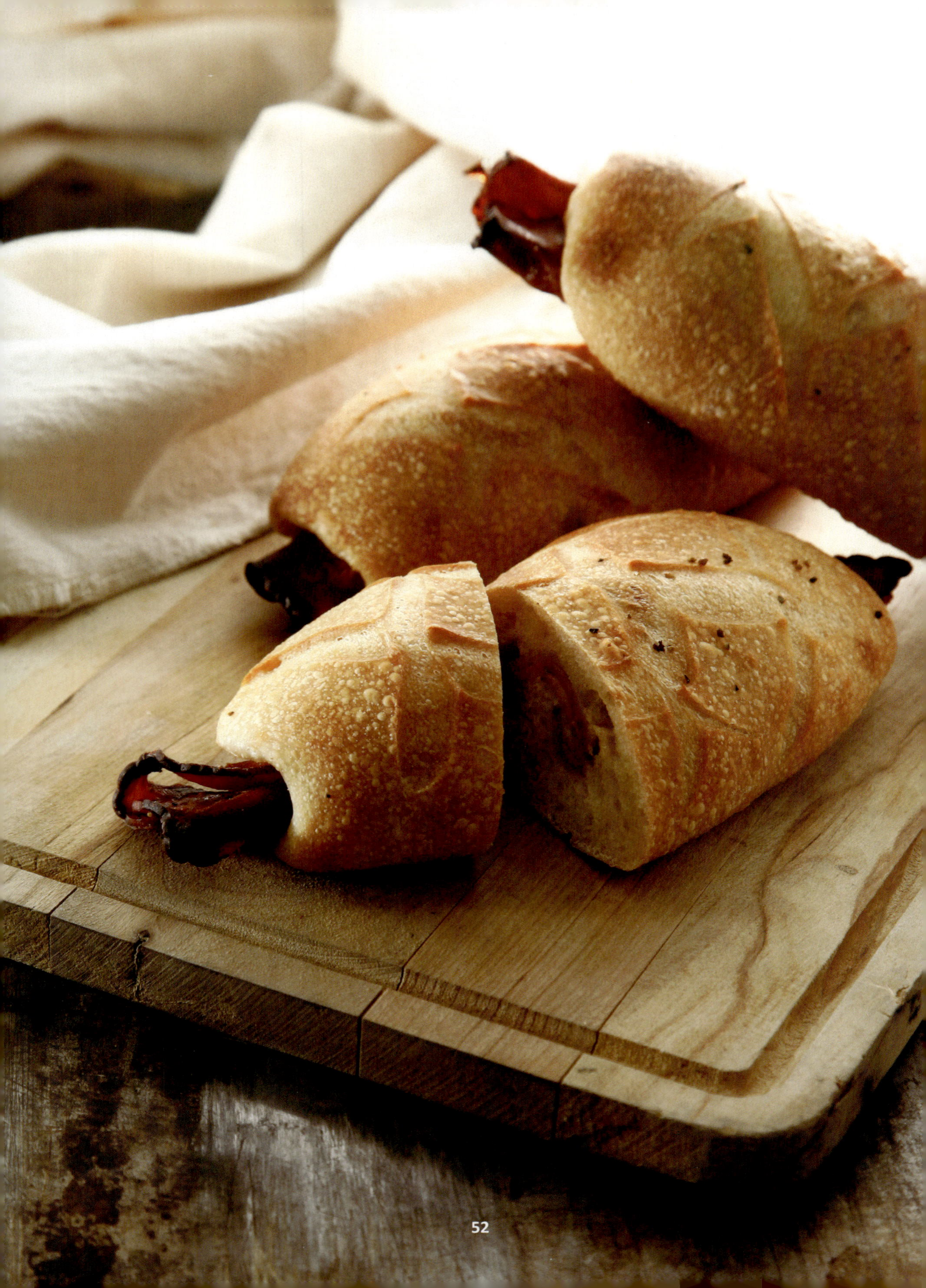

Bread A-5

橄欖形法國黑胡椒培根麵包

材料

法國麵包麵團…600g
（詳 P.28～31）
培根肉…6 條
黑胡椒粗粒…10g

---

1. 備妥完成攪拌
2. 基本發酵之麵團
3. 翻麵
4. 分割
5. 中間發酵
6. 整形
7. 最後發酵
8. 烤前裝飾
9. 烤焙

備妥麵團

1 參考「法國麵包麵團」配方作法，備好基本發酵完之麵團。

翻麵

2 翻麵摺疊三折，拍出空氣，發酵 60 分鐘。

分割

3 工作臺撒適量手粉，麵團分割為 200g/1 顆，收整為圓形。

中間發酵

4 均勻排入撒上手粉的發酵箱，蓋上帆布，中間發酵 30 分鐘。

「基本型」傳統法國麵包的技術運用／變化款／橄欖形法國黑胡椒培根麵包

整形

5 取出麵團拍開,鋪上培根、撒上黑胡椒,麵團朝中間摺疊,整形收口。

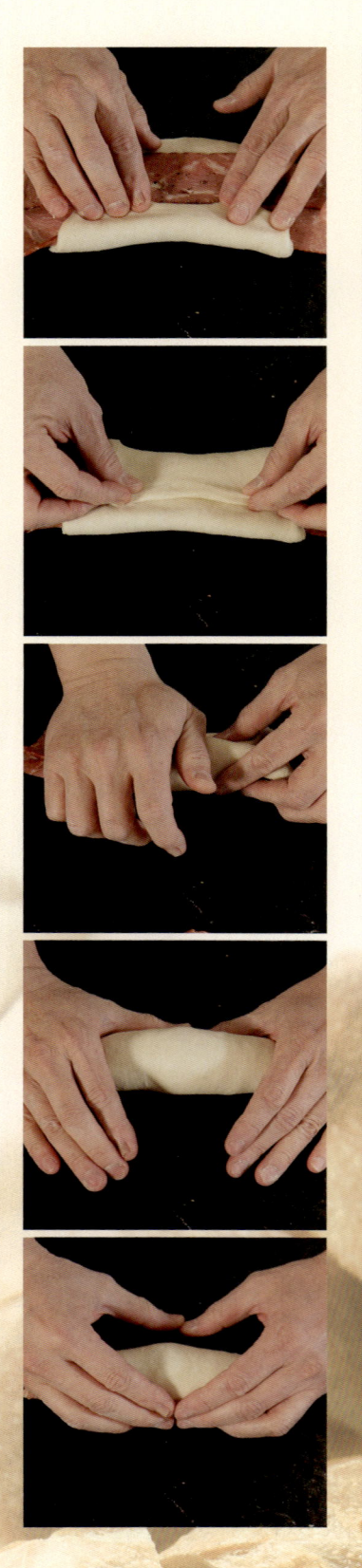

最後發酵

6 烤盤鋪上帆布、撒上手粉,均勻排入麵團,最後發酵 40 分鐘。

烤前裝飾

7 搭配麵包移動板取出麵團，間距相等的排入鋪上烤盤布的烤盤，噴水劃刀，撒上少許黑胡椒粗粒。

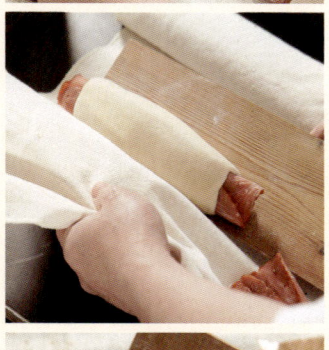

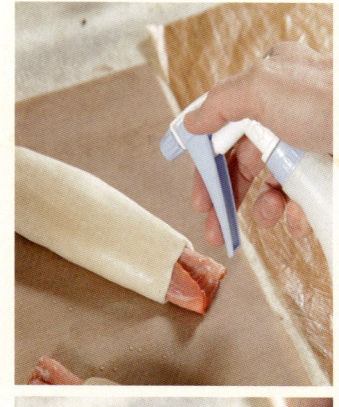

烤焙

8 放入預熱好的烤箱，噴10秒蒸氣，以上火260℃／下火200℃烘烤10分鐘，開氣門，溫度調整為上火190℃／下火200℃，再烤8分鐘。

「基本型」傳統法國麵包的技術運用／變化款／橄欖形法國黑胡椒培根麵包

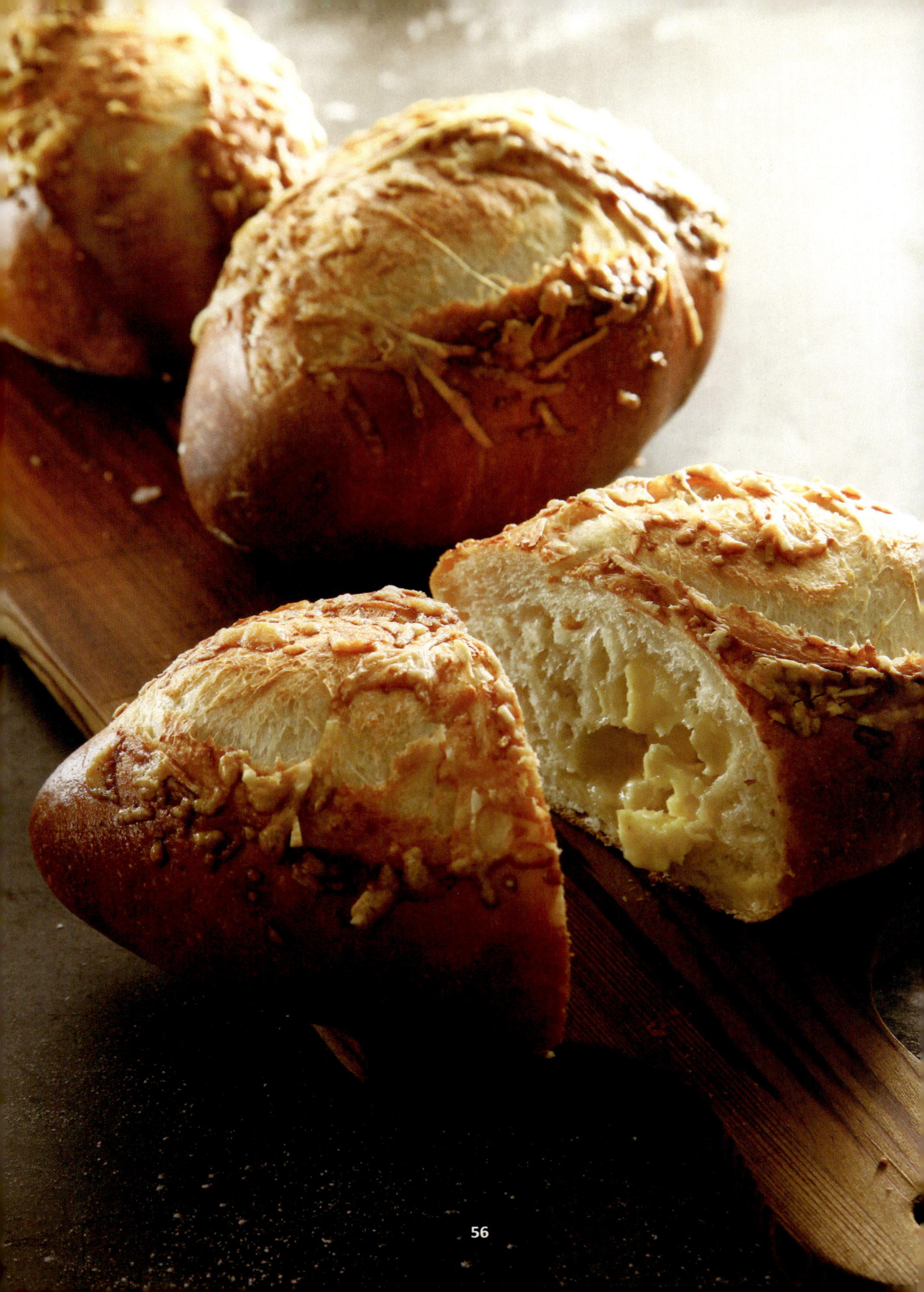

Bread A-6

橄欖形法國乳酪麵包

材料

法國麵包麵團…600g
（詳 P.28〜31）
歐丁高溫乳酪丁…180g
乳酪絲…200g

「基本型」傳統法國麵包的技術運用／變化款／橄欖形法國乳酪麵包

1. 備妥完成攪拌
2. 基本發酵之麵團
3. 翻麵
4. 分割
5. 中間發酵
6. 整形包餡
7. 最後發酵
8. 烤前裝飾
9. 烤焙

備妥麵團

1 參考「法國麵包麵團」配方作法，備好基本發酵完之麵團。

翻麵

2 翻麵摺疊三折，拍出空氣，發酵60分鐘。

分割

3 工作臺撒適量手粉，麵團分割為200g／1顆，收整為圓形。

57

中間發酵

4 均勻排入撒上手粉的發酵箱,蓋上帆布,中間發酵 30 分鐘。

整形包餡

5 取出麵團拍開,包入 60g 歐丁高溫乳酪丁,整形成橄欖形。

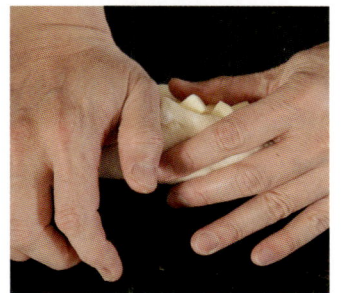

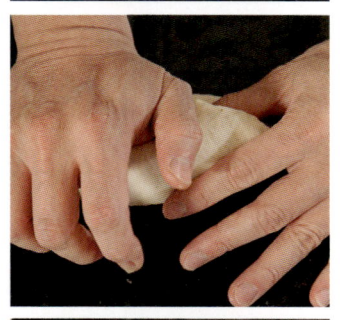

最後發酵

6 烤盤鋪上帆布、撒上手粉均勻排入,最後發酵40分鐘。

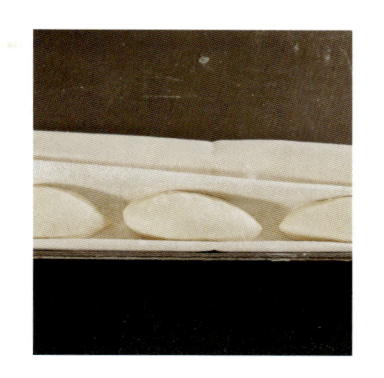

烤前裝飾

7 搭配麵包移動板取出麵團,間距相等的排入鋪上烤盤布的烤盤,表面噴水割2刀,撒上乳酪絲。

烤焙

8 放入預熱好的烤箱,噴10秒蒸氣,以上火200℃／下火200℃烘烤10分鐘,開氣門,溫度調整為上火190℃／下火200℃,再烤8分鐘。

「基本型」傳統法國麵包的技術運用／變化款／橄欖形法國乳酪麵包

59

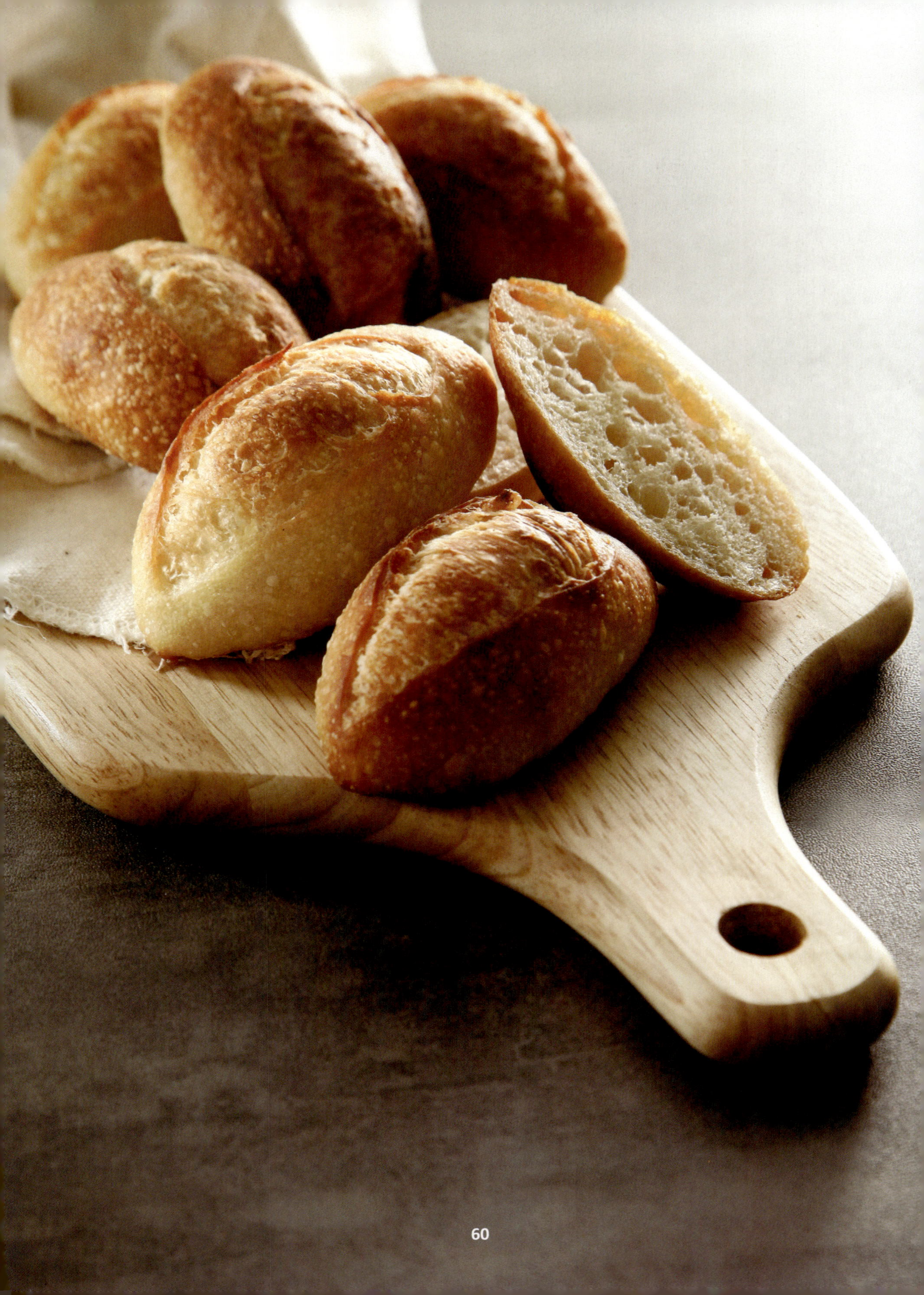

Bread A-7
橄欖形法國餐包

材料

法國麵包麵團…600g
（詳 P.28～31）
無鹽奶油…100g

「基本型」傳統法國麵包的技術運用／變化款／橄欖形法國餐包

1. 備妥完成攪拌
2. 基本發酵之麵團
3. 翻麵
4. 分割
5. 中間發酵
6. 整形
7. 最後發酵
8. 烤前裝飾
9. 烤焙

備妥麵團

1 參考「法國麵包麵團」配方作法，備好基本發酵完之麵團。

翻麵

2 翻麵摺疊三折，拍出空氣，發酵 60 分鐘。

分割

3 工作臺撒適量手粉，麵團分割為 40g/1 顆，收整為圓形。

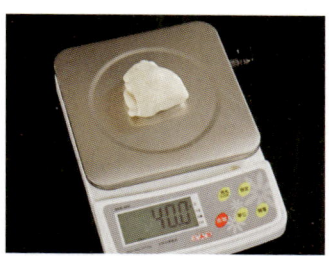

61

中間發酵

4 均勻排入撒上手粉的發酵箱,蓋上帆布,中間發酵30分鐘。

整形

5 取出麵團,整形成橄欖形。

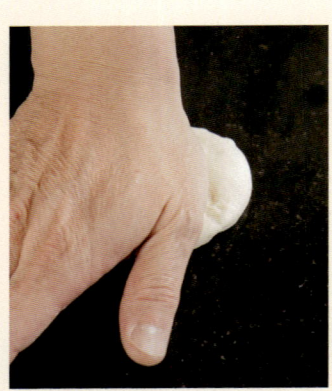

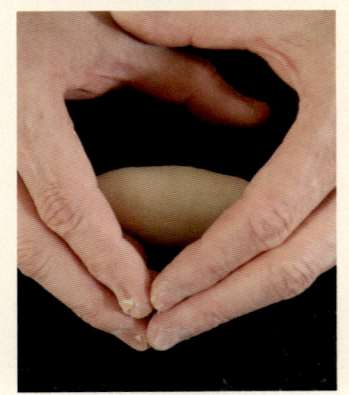

最後發酵

6 烤盤鋪上帆布、撒上手粉均勻排入麵團,蓋上帆布最後發酵40分鐘。

烤前裝飾

7 搭配麵包移動板取出麵團,間距相等的排入鋪上烤盤布的烤盤,噴水中間割1刀,擠上室溫軟化的無鹽奶油。

烤焙

8 放入預熱好的烤箱,噴10秒蒸氣,以上火260℃/下火200℃烘烤10分鐘,開氣門,溫度調整為上火190℃/下火200℃,再烤4分鐘。

「基本型」傳統法國麵包的技術運用/變化款/橄欖形法國餐包

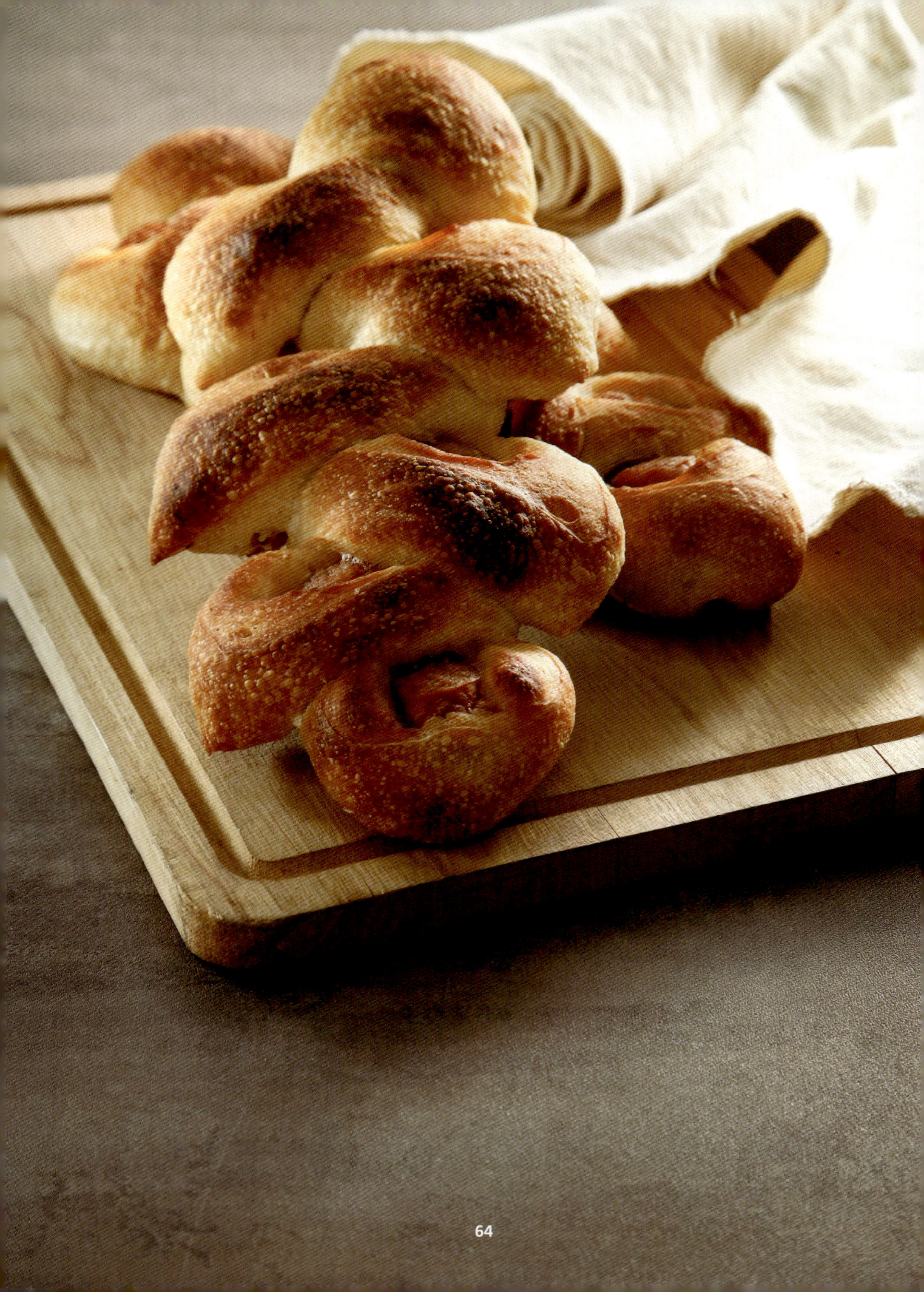

Bread **A**-8

德國香腸麥穗法國麵包

材料

法國麵包麵團…600g
（詳 P.28～31）
德國香腸…2 條
黑胡椒粗粒…10g

「基本型」傳統法國麵包的技術運用／變化款／德國香腸麥穗法國麵包

1. 備妥完成攪拌
2. 基本發酵之麵團
3. 翻麵
4. 分割
5. 中間發酵
6. 整形
7. 最後發酵
8. 烤前裝飾
9. 烤焙

備妥麵團

1 參考「法國麵包麵團」配方作法，備好基本發酵完之麵團。

翻麵

2 工作臺撒適量手粉，翻麵摺疊三折，拍出空氣，發酵 60 分鐘。

分割

3 麵團分割為 300g／1 顆，整形成圓形。

中間發酵

4 均勻排入撒上手粉的發酵箱，蓋上帆布，中間發酵 30 分鐘。

整形

5 取出麵團拍開，包入德國香腸，撒上黑胡椒粗粒，整形成長條狀。

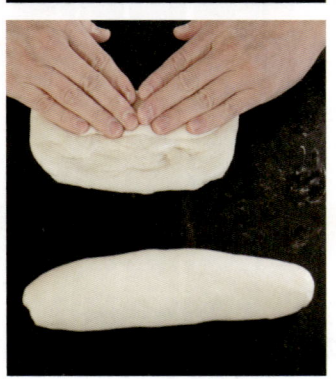

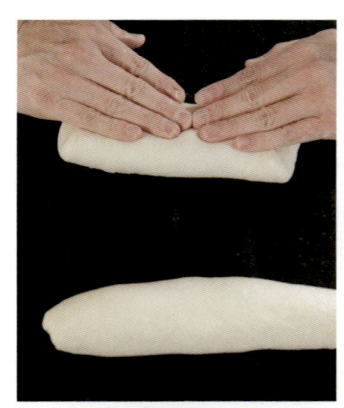

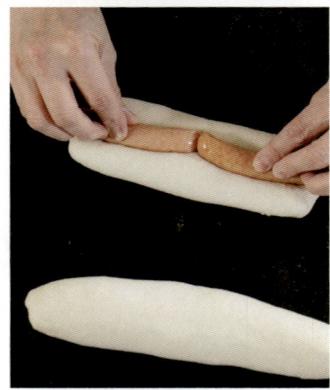

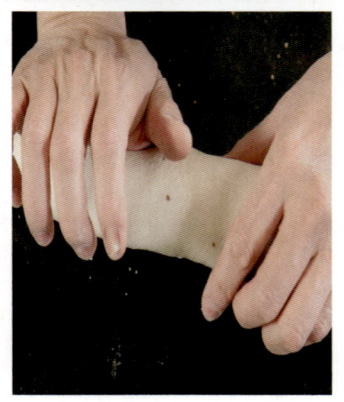

最後發酵

6 烤盤鋪上帆布、撒上手粉均勻排入，最後發酵 30 分鐘。

烤前裝飾

7 搭配麵包移動板取出麵團，間距相等的排入鋪上烤盤布的烤盤，剪刀剪5刀，麵團一左一右分開。

烤焙

8 放入預熱好的烤箱，噴10秒蒸氣，以上火230℃／下火200℃烘烤10分鐘，開氣門，溫度調整為上火190℃／下火200℃，再烤12分鐘。

「基本型」傳統法國麵包的技術運用／變化款／德國香腸麥穗法國麵包

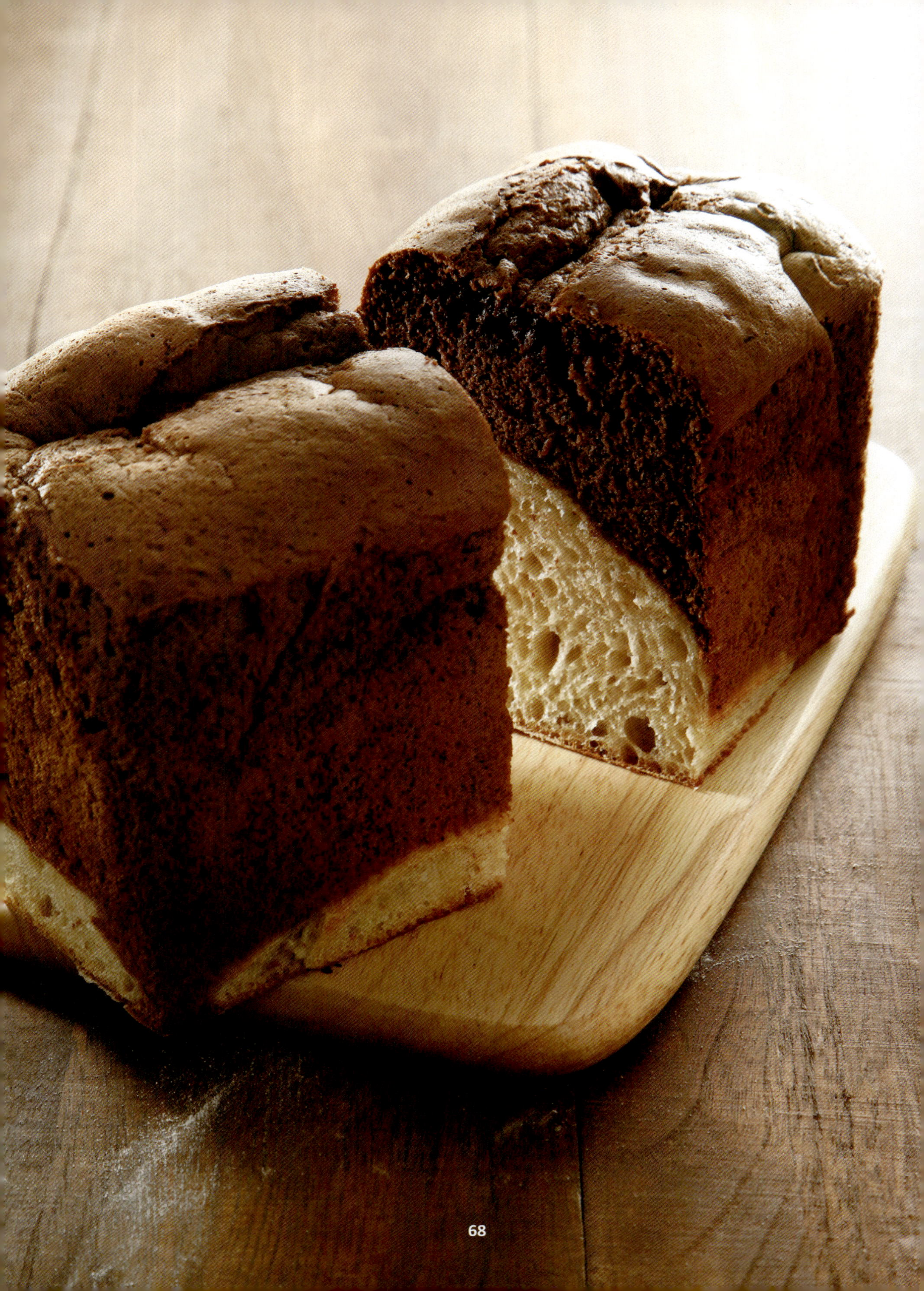

Bread B-1
法國蛋糕吐司

材料

法國吐司麵團…600g
（詳P.32～35）

巧克力戚風蛋糕

A
- 蛋白…238g
- 海藻糖膠…24g
- 細砂糖…102g

B-1
- 沙拉油…51g
- 奶水…34g
- 蜂蜜…31g
- 蛋黃…136g

B-2
- 鑽石低筋麵粉…92g
- 可可粉…13g
- 泡打粉…3g

---

① 備妥完成攪拌
② 基本發酵之麵團
③ 翻麵
④ 分割
⑤ 中間發酵
⑥ 剪裁烤焙紙
⑦ 整形＋最後發酵
⑧ 製作巧克力戚風蛋糕麵糊
⑨ 烤前組合
⑩ 烤焙

主麵團

備妥麵團

1 參考「法國吐司麵團」配方作法，備好基本發酵完之麵團。

翻麵

2 翻麵摺疊三折，拍出空氣，發酵60分鐘。

分割

3 麵團分割為300g/1顆，收整為圓形。

中間發酵

4 均勻排入撒上手粉的發酵箱，蓋上帆布，中間發酵30分鐘。

「基本型」傳統法國麵包的技術運用／變化款／法國蛋糕吐司

剪裁烤焙紙

5 剪裁烤焙紙作法：烤焙紙需裁剪比吐司模高 2～3 公分，邊緣描線，內收 1 公分繪製定位點。

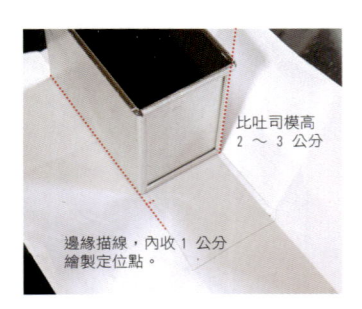

比吐司模高 2～3 公分

邊緣描線，內收 1 公分繪製定位點。

6 剪刀從四邊角落朝定位點剪裁，鋪入 12 兩吐司模中。

整形 + 最後發酵

7 取出麵團整形為橢圓形，放入鋪好烤焙紙的 12 兩吐司模中，最後發酵 60 分鐘。

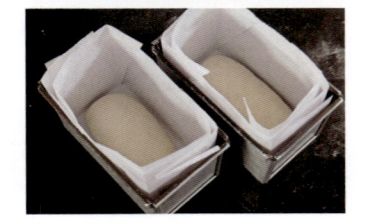

巧克力戚風蛋糕麵糊

巧克力麵糊

8 材料 B-2 一同過篩；將沙拉油、奶水、蜂蜜放入乾淨鍋子中，中小火加熱至 45℃ 關火，加入過篩粉類略拌，加入蛋黃拌勻成巧克力蛋黃麵糊。

蛋白糖霜

9 攪拌缸加入蛋白、海藻糖膠打至起泡，加入細砂糖打至 8 分發，此為蛋白糖霜。

完成麵糊

10 取 1/3 蛋白糖霜倒入巧克力蛋黃麵糊中拌勻，再把拌勻的麵糊倒回 2/3 蛋白糖霜中拌勻，完成巧克力戚風蛋糕麵糊。

組合

烤前組合

11 取出吐司模，烤焙前倒入 350g 巧克力戚風蛋糕麵糊，於桌面重敲，平均填模。

烤焙

12 放入預熱好的烤箱，以上火 200℃ / 下火 200℃ 烘烤 10 分鐘，烤至表面結皮後在中間輕劃一刀，溫度調整為上火 180℃ / 下火 200℃，再烤 25 分鐘，續烤至熟成。

成品脫模

13 出爐後重敲，倒扣脫模，撕除四邊烤焙紙。

「基本型」傳統法國麵包的技術運用／變化款／**法國蛋糕吐司**

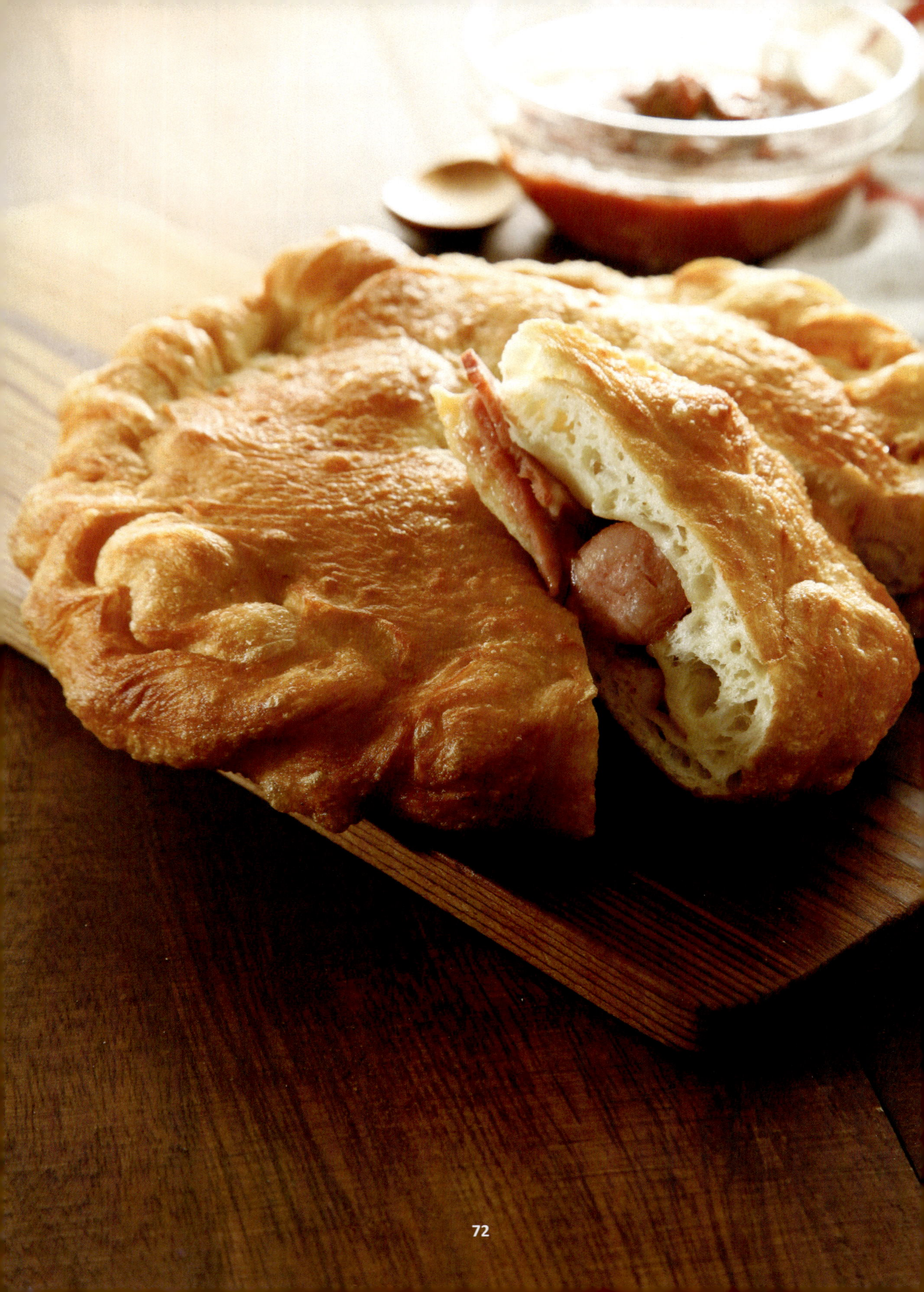

Bread B-2
油炸披薩法國麵包

材料
法國吐司麵團…600g
（詳 P.32～35）
披薩醬…適量
（詳 P.24）
培根…2 片
德國香腸…2 條
披薩絲…100g
海鹽…適量
初榨橄欖油…適量

「基本型」傳統法國麵包的技術運用／變化款／油炸披薩法國麵包

❶ 備妥完成攪拌
❷ 基本發酵之麵團
❸ 翻麵
❹ 分割
❺ 中間發酵
❻ 整形
❼ 油炸熟製

備妥麵團
1 參考「法國吐司麵團」配方作法，備好基本發酵完之麵團。

翻麵
2 翻麵摺疊三折，拍出空氣，發酵 60 分鐘。

分割
3 工作臺撒適量手粉，麵團分割為 150g／1 顆，收整為圓形。

中間發酵

4 均勻排入撒上手粉的發酵箱，蓋上帆布，中間發酵 30 分鐘。

整形

5 一片培根切 4 片；一條德國香腸切 8 塊；取一顆法國吐司麵團沾取適量手粉，指腹拍成圓形，參考步驟圖手法，以指關結頂住麵團左右延展。

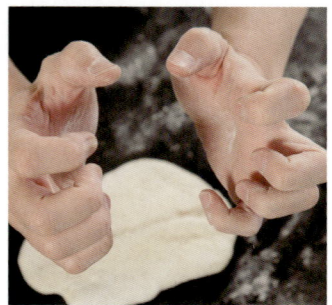

6　抹上披薩醬，撒上披薩絲，放上 4 片培根、8 塊德國香腸，撒上適量海鹽與初榨橄欖油。

7　再取一顆法國吐司麵團，參考前面整形手法整成圓形蓋上，邊緣以姆指及食指收整一圈。

油炸熟製

8　鍋子加入 500c.c. 沙拉油（適量即可），加熱至 180℃，放入整形好的披薩法國麵包，以中火炸至金黃熟成。

「基本型」傳統法國麵包的技術運用／變化款／油炸披薩法國麵包

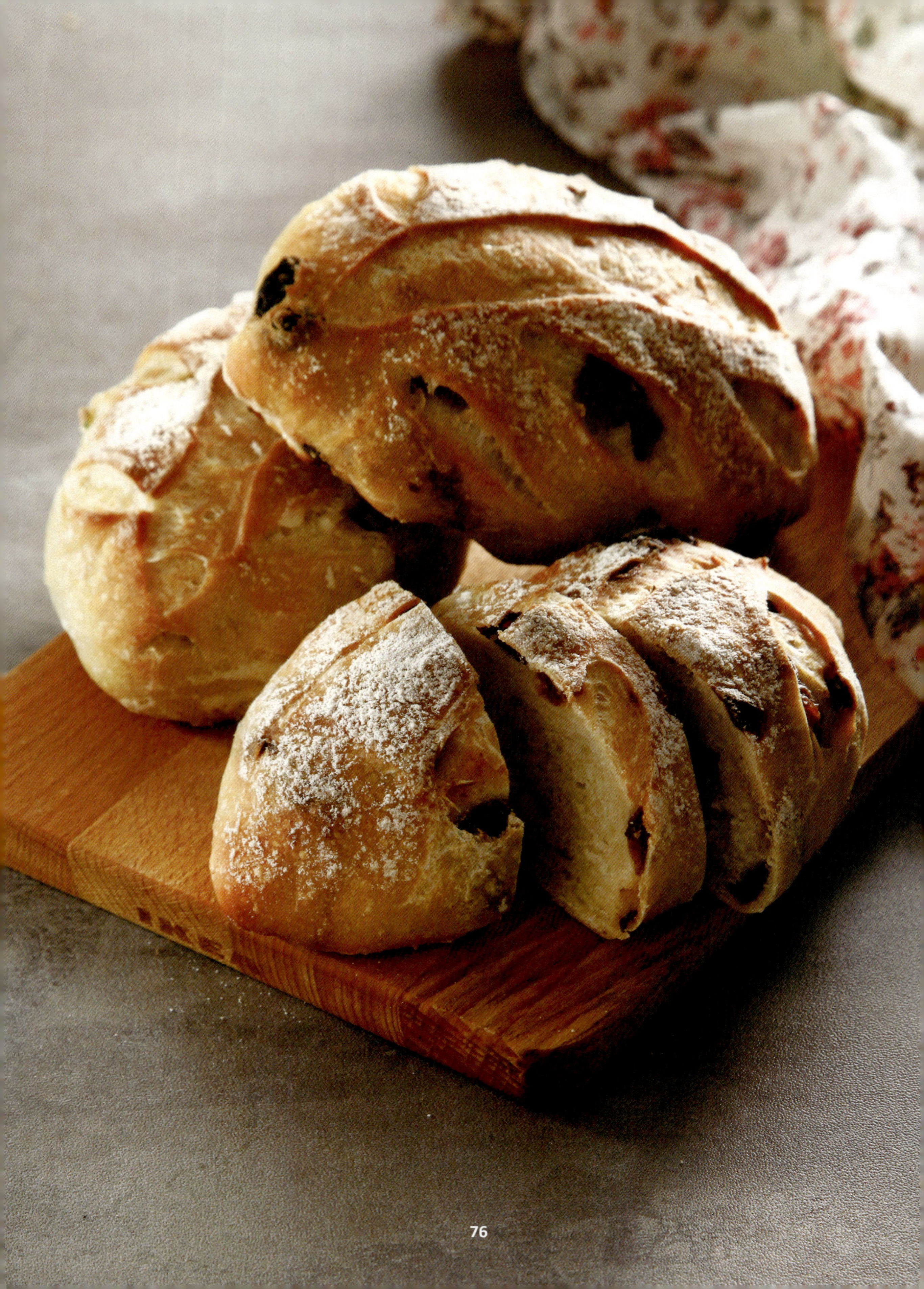

Bread **B**-3

葡萄乾乳酪法國麵包

材料

法國吐司麵團…600g
（詳P.32～35）
歐丁奶油乳酪餡…200g
（詳P.21）
葡萄乾…75g
裸麥粉…30g

「基本型」傳統法國麵包的技術運用／變化款／葡萄乾乳酪法國麵包

① 備妥「法國吐司麵團」至步驟2麵團
② 攪拌
③ 基本發酵
④ 翻麵
⑤ 分割
⑥ 中間發酵
⑦ 整形
⑧ 最後發酵
⑨ 烤前裝飾
⑩ 烤焙

備妥麵團

1 參考「法國吐司麵團」作法，備好完成步驟2之麵團；葡萄乾泡水備用。

攪拌

2 麵團分割為120g/1顆（共5顆）；攪拌缸放入葡萄乾、1顆120g麵團，低速攪拌一圈關機，再放入1顆120g麵團攪拌一圈關機，重覆動作把麵團加完，從第1顆開始計算攪拌時間，總攪拌時間為3分鐘，將葡萄乾均勻混入麵團中；麵團起缸溫度夏天為24℃，冬天為25℃。

77

基本發酵

3 工作臺撒上適量手粉，將麵團收整為圓團，放入撒上手粉的發酵箱，基本發酵 4 小時。

翻麵

4 翻麵摺疊三折，拍出空氣，發酵 60 分鐘。

分割

5 工作臺撒適量手粉，麵團分割為 150g/1 顆，收整為圓形。

中間發酵

6 均勻排入撒上手粉的發酵箱，蓋上帆布，中間發酵 30 分鐘。

整形

7 麵團拍開擠入 50g 歐丁奶油乳酪餡，收口整形成橄欖形。

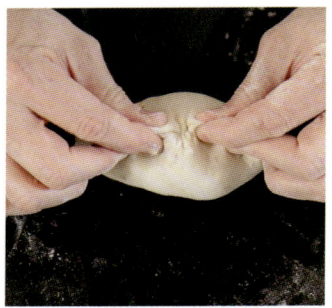

最後發酵

8 烤盤鋪上帆布、撒上手粉均勻排入,最後發酵 40 分鐘。

烤前裝飾

9 搭配麵包移動板取出麵團,間距相等的排入鋪上烤盤布的烤盤,噴水、撒上裸麥粉,割出葉子形狀。

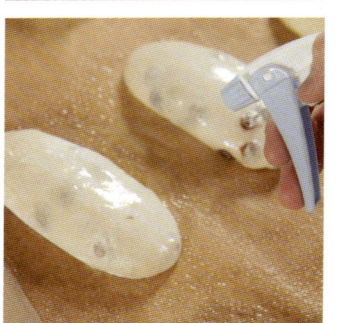

烤焙

10 放入預熱好的烤箱,噴 10 秒蒸氣,以上火 230℃／下火 200℃ 烘烤 10 分鐘,開氣門,溫度調整為上火 190℃／下火 200℃,再烤 6 分鐘。

「基本型」傳統法國麵包的技術運用／變化款／葡萄乾乳酪法國麵包

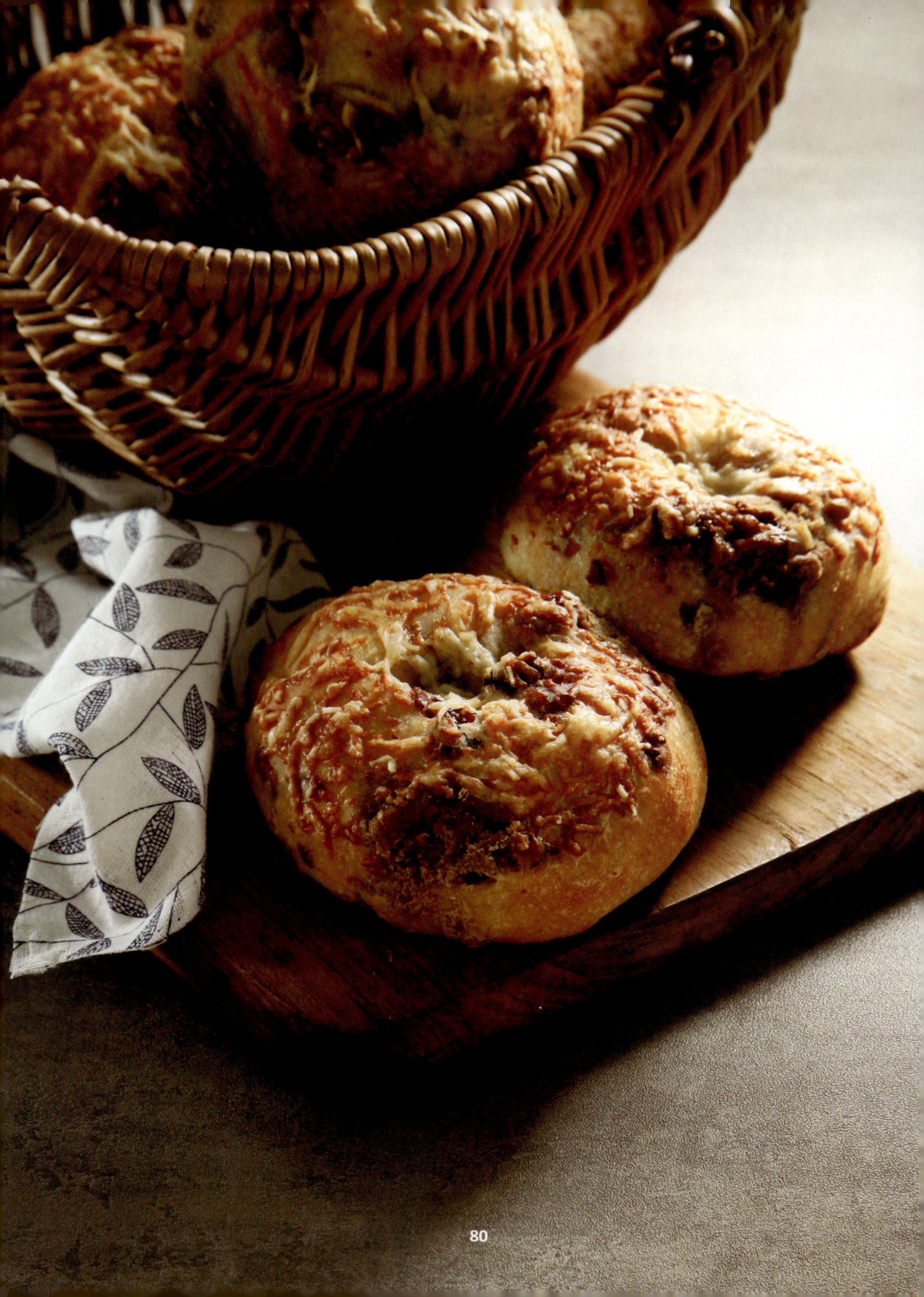

Bread B-4
蔓越莓乾拿鐵乳酪甜圈法國麵包

材料

法國吐司麵團…600g
（詳 P.32～35）
蔓越莓乾…75g
咖啡歐丁奶油乳酪餡…240g
（詳 P.21）
乳酪絲…100g

「基本型」傳統法國麵包的技術運用／變化款／蔓越莓乾拿鐵乳酪甜圈法國麵包

❶ 備妥「法國吐司麵團」至步驟 2 麵團
❷ 攪拌
❸ 基本發酵
❹ 翻麵
❺ 分割
❻ 中間發酵
❼ 整形包餡
❽ 最後發酵
❾ 烤前裝飾
❿ 烤焙

備妥麵團

1 參考「法國吐司麵團」作法，備好完成步驟 2 之麵團；鍋子加入蔓越莓乾、清水，以中大火同煮 4～8 分鐘，瀝乾備用。

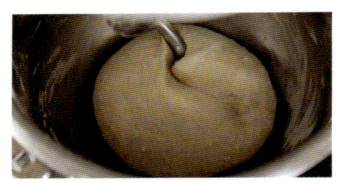

Point：蔓越莓乾須等麵團攪拌至擴展完成，才加入拌勻。因蔓越莓乾拌入麵團，如果過度攪拌對麵筋是很嚴重的傷害，容易造成麵團濕黏不易操作，所以攪拌均勻次數越少越好。建議初學者可以用手輕柔的拌入，避免蔓越莓破裂。

攪拌

2 麵團分割為 120g/1 顆（共 5 顆）；攪拌缸放入蔓越莓乾、1 顆 120g 麵團，低速攪拌一圈關機，再放入 1 顆 120g 麵團攪拌一圈關機，重覆動作把麵團加完，從第 1 顆開始計算攪拌時間，總攪拌時間為 3 分鐘，將蔓越莓乾均勻混入麵團中；麵團起缸溫度夏天為 24℃，冬天為 25℃。

基本發酵

3 工作臺撒上適量手粉,將麵團收整為圓團,放入撒上手粉的發酵箱,基本發酵 4 小時。

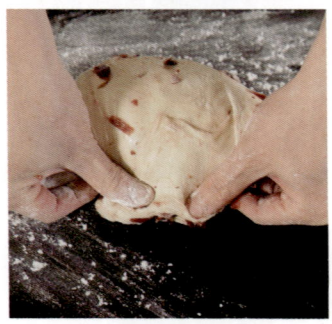

翻麵

4 翻麵摺疊三折,拍出空氣,發酵 60 分鐘。

分割

5 工作臺撒適量手粉,麵團分割為 150g/1 顆。

中間發酵

6 收整為圓形,均勻排入撒上手粉的發酵箱,蓋上帆布,中間發酵 30 分鐘。

整形包餡

7 麵團拍開中間擠入60g咖啡歐丁奶油乳酪餡，捲起收口，尾端拍開首尾相連，整形成甜甜圈。

最後發酵

8 烤盤鋪上帆布、撒上手粉均勻排入，最後發酵40分鐘。

烤前裝飾

9 搭配麵包移動板取出麵團，間距相等的排入鋪上烤盤布的烤盤，烤焙前表面噴水，撒上乳酪絲。

烤焙

10 放入預熱好的烤箱，噴10秒蒸氣，以上火220℃／下火200℃烘烤10分鐘，開氣門，溫度調整為上火190℃／下火200℃，再烤6分鐘。

「基本型」傳統法國麵包的技術運用／變化款／蔓越莓乾拿鐵乳酪甜圈法國麵包

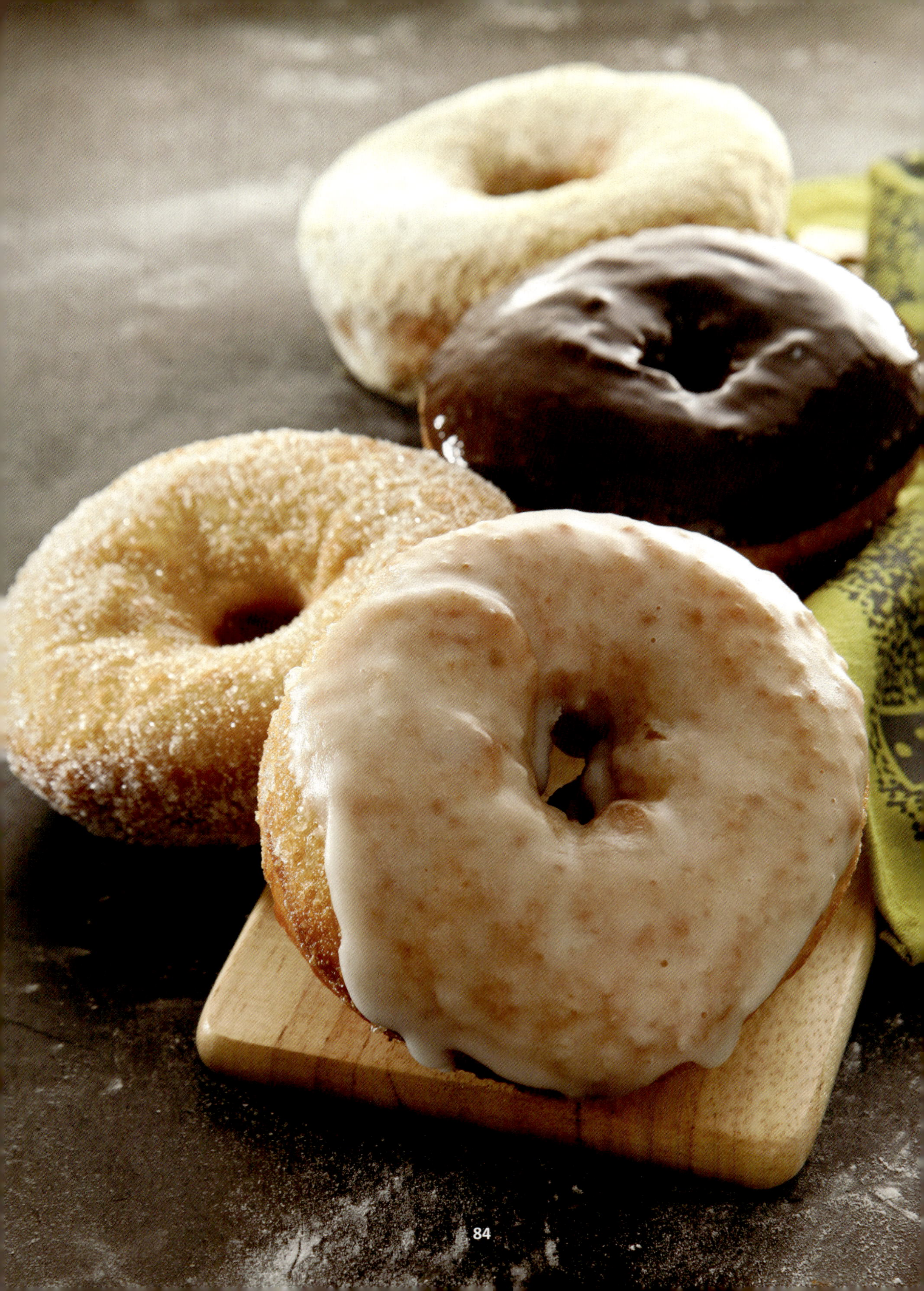

Bread B-5
油炸甜甜圈法國麵包

材料

法國吐司麵團…600g
（詳 P.32～35）
① 細砂糖…50g
② 黃豆粉…50g
　 純糖粉…50g
③ 苦甜巧克力…50g
④ 純糖粉…50g
　 冷開水（或新鮮檸檬汁）…12g

「基本型」傳統法國麵包的技術運用／變化款／油炸甜甜圈法國麵包

① 備妥完成攪拌
② 基本發酵之麵團
③ 翻麵
④ 分割
⑤ 中間發酵
⑥ 整形
⑦ 最後發酵
⑧ 油炸熟製
⑨ 沾面

備妥麵團

1 參考「法國吐司麵團」作法，備好基本發酵完之麵團。

翻麵

2 翻麵摺疊三折，拍出空氣，發酵60分鐘。

分割

3 工作臺撒適量手粉，麵團分割為150g/1顆，收整為圓形。

中間發酵

4 均勻排入撒上手粉的發酵箱，蓋上帆布，中間發酵 30 分鐘。

整形

5 麵團拍開朝內收摺，搓長，尾端拍開首尾相連，整形成甜甜圈形狀。

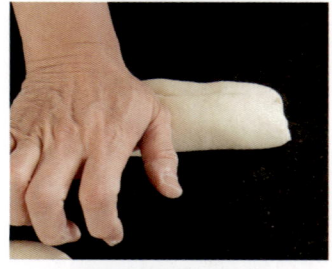

最後發酵

6 烤盤鋪上帆布、撒上手粉均勻排入，最後發酵 40 分鐘。

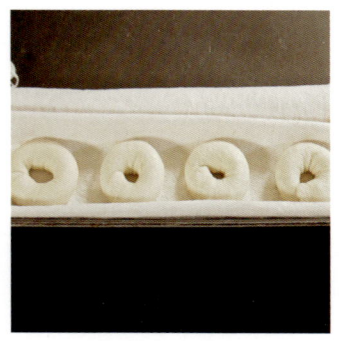

油炸熟製

7 鍋子加入 500c.c. 沙拉油（適量即可），加熱至 180℃，放入整形好的甜甜圈法國麵包，單面上色後翻面，炸至兩面皆金黃熟成。

沾面

8 將炸至熟成的甜甜圈撈起瀝乾，靜置冷卻。

9 在等待冷卻的時間準備沾面材料。沾面 ② 黃豆粉先以上下火 160℃ 烤 12～15 分鐘，與純糖粉混合過篩。

10 沾面 ③ 苦甜巧克力隔水加熱，小火輕輕攪拌煮融，過程中不可停止攪拌動作，避免巧克力焦掉。

11 沾面 ④ 將純糖粉、冷開水小火加熱混勻，冷開水可預先留下少許，觀察糖粉吸水性，若看起來太濃可再加入調整濃稠度（此為翻糖淋醬）。

12 冷卻的甜甜圈各別沾裹 ① 細砂糖、② 黃豆糖粉、③ 融化苦甜巧克力、④ 翻糖淋醬。

①細砂糖

②黃豆糖粉

③融化苦甜巧克力

④翻糖淋醬

「基本型」傳統法國麵包的技術運用／變化款／油炸甜甜圈法國麵包

Bread C-1
紅豆法國鄉村麵包

主麵團材料

法國鄉村麵團…600g
（詳 P.36～39）
無鹽奶油…15g

其他

紅豆餡…400g
（詳 P.24）
全蛋…1 顆
無鹽奶油…20g

---

① 備妥「法國鄉村麵團」至步驟 1 麵團進行攪拌
② 基本發酵
③ 翻麵
④ 分割
⑤ 中間發酵
⑥ 整形包餡
⑦ 最後發酵
⑧ 烤前裝飾
⑨ 烤焙

備妥麵團進行攪拌

1 參考「法國鄉村麵團」配方，備好打至步驟 1 之麵團，加入材料 B 時也加入 15g 無鹽奶油打至擴展；麵團起缸溫度夏天為 24℃，冬天為 25℃。

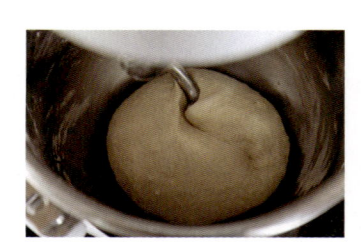

基本發酵

2 麵團收整為圓團，放入撒上手粉的發酵箱內，基本發酵 4 小時。

翻麵

3　翻麵摺疊三折，拍出空氣，發酵60分鐘。

分割

4　工作臺撒適量手粉，麵團分割為150g/1顆，收整為圓形。

中間發酵

5　均勻排入撒上手粉的發酵箱，蓋上帆布，中間發酵30分鐘。

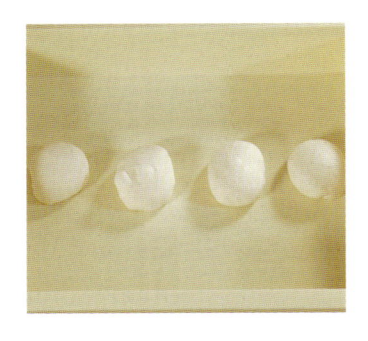

整形包餡

6　拍開麵團包入100g紅豆餡，收口。

Point：紅豆餡建議不要太濕，太濕的紅豆餡在操作時容易讓麵團變得髒髒的，也不好收口。

最後發酵

7　烤盤鋪上帆布、撒上手粉均勻排入，最後發酵40分鐘。

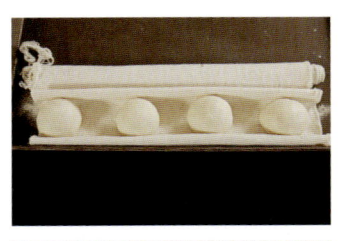

烤前裝飾

8　搭配麵包移動板取出麵團，間距相等的排入鋪上烤盤布的烤盤，刷上打散的全蛋液，於中間處剪十字，擠上無鹽奶油。

烤焙

9　放入預熱好的烤箱，噴10秒蒸氣，以上火220℃／下火200℃烘烤10分鐘，開氣門，溫度調整為上火150℃／下火200℃，再烤6分鐘。

「基本型」傳統法國麵包的技術運用／變化款／紅豆法國鄉村麵包

Bread C-2
青蔥法國鄉村麵包

主麵團材料

法國鄉村麵團…600g
（詳 P.36～39）
無鹽奶油…15g

其他

青蔥餡…適量
（詳 P.22）
全蛋…50g
水…20g

❶ 備妥「法國鄉村麵團」至步驟1 麵團進行攪拌
❷ 基本發酵
❸ 翻麵
❹ 分割
❺ 中間發酵
❻ 整形
❼ 最後發酵
❽ 烤前裝飾
❾ 烤焙

備妥麵團進行攪拌

1 參考「法國鄉村麵團」配方，備好打至步驟1之麵團，加入材料B時也加入15g無鹽奶油打至擴展；麵團起缸溫度夏天為24℃，冬天為25℃。

基本發酵

2 麵團收整為圓團，放入撒上手粉的發酵箱內，基本發酵4小時。

翻麵

3　翻麵摺疊三折，拍出空氣，發酵 60 分鐘。

分割

4　工作臺撒適量手粉，麵團分割為 150g/1 顆，收整為圓形。

中間發酵

5　均勻排入撒上手粉的發酵箱，蓋上帆布，中間發酵 30 分鐘。

整形

6　麵團拍開朝內摺疊，搓長打 8 字結。

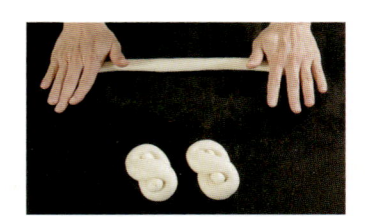

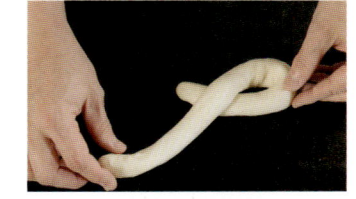

最後發酵

7　烤盤鋪上帆布、撒上手粉均勻排入，最後發酵 40 分鐘。

烤前裝飾

8　搭配麵包移動板取出麵團，間距相等的排入鋪上烤盤布的烤盤，刷上混勻的全蛋與水，鋪上適量青蔥餡。

烤焙

9　放入預熱好的烤箱，噴 10 秒蒸氣，以上火 220℃／下火 200℃ 烘烤 10 分鐘，開氣門，溫度調整為上火 150℃／下火 200℃，再烤 6 分鐘。

「基本型」傳統法國麵包的技術運用／變化款／青蔥法國鄉村麵包

Chapter 3
「中階型」今後麵包的技術運用

天然酵母的發酵力道原本就比商業酵母不足許多
有些師傅為了使麵團順利發酵，會添加商業酵母提高發酵力道

雖然這個作法可以讓麵團順利長大，但也失去了使用天然酵母的初衷。本章將魯邦發酵種巧妙地加以組合搭配，既利用了各款發酵菌種的優點來製作麵包，又不會使麵團發酵力道不足。製作搭配中種法，麵包組織鬆軟細緻，含水量高且具有彈性。篇章特選「凱薩琳高筋麵粉」！只萃取小麥最高等級小麥粉心的它，成品組織不易老化，具有獨特的高水量風味口感，用了秘密武器又搭配中種法，我們的吐司怎能不「流淚」～

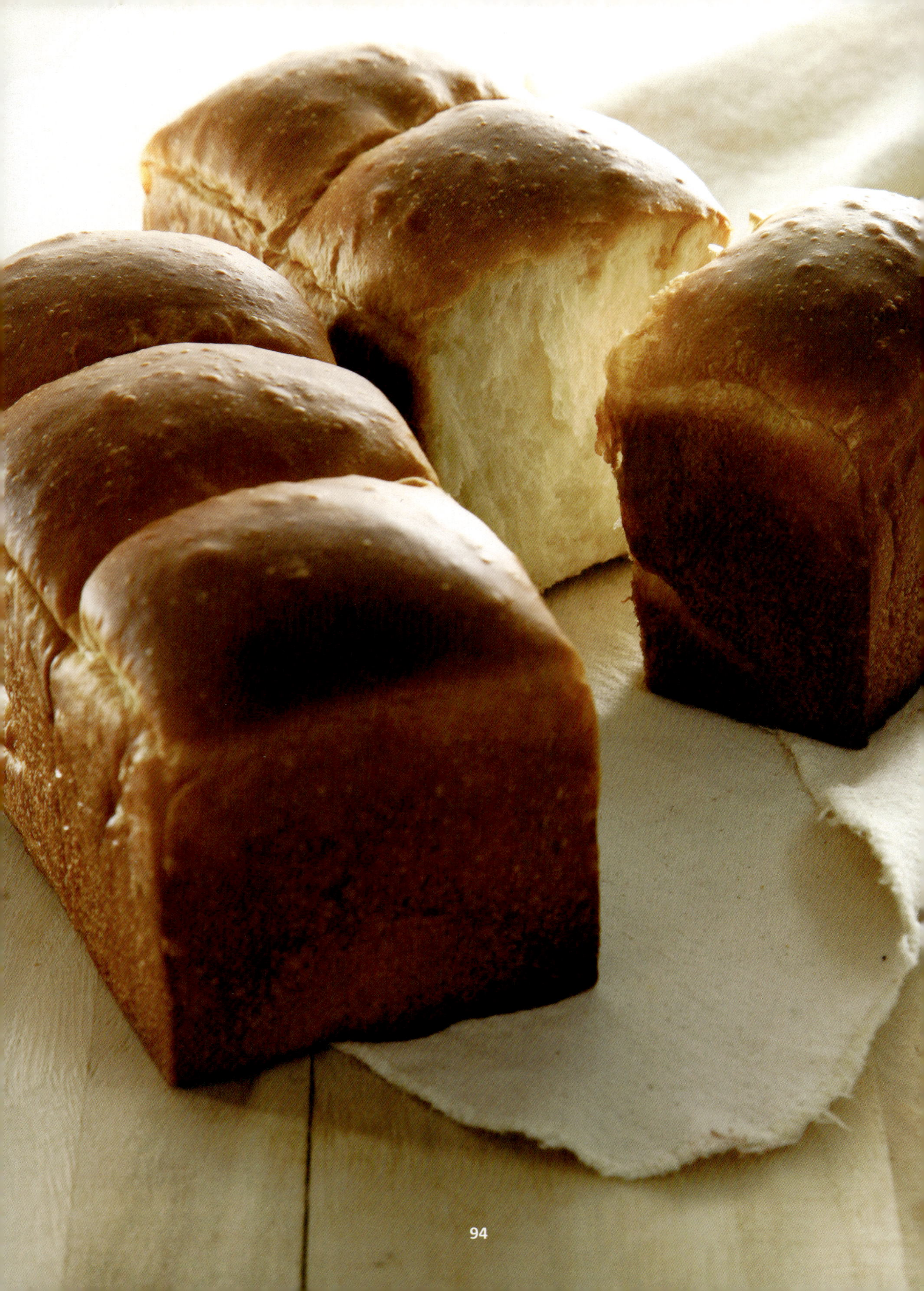

Bread D
流淚吐司

中種麵團

※ 如果起種失敗,配方中的「魯邦種」可替換為魯邦種酵母粉 15g,水則更新為 78g

材料名稱	百分比(%)	重量(g)
凱薩琳高筋麵粉	70	210
上白糖	2	6
奶粉	2	6
水	59	177
魯邦種(詳 P.15)	10	30

主麵團

※ 如果起種失敗,配方中的「魯邦種」不加入,魯邦種酵種替換成 60g

	材料名稱	百分比(%)	重量(g)
A	凱薩琳高筋麵粉	30	90
A	上白糖	10	30
A	魯邦種(詳 P.15)	10	30
A	魯邦種酵種(詳 P.16)	10	30
A	海藻糖膠	10	30
A	奶粉	4	12
B	無鹽奶油	8	24
B	岩鹽	1.2	3.6
	合計	226.2	678.6

小筆記
中種法

中種 MEMO
- **麵團溫度** 28°C
- **基本發酵** 魯邦種配方:9 小時(27°C /80%)
  魯邦種酵母麵粉:18 小時(27°C /80%)

主麵團 MEMO
- **麵團溫度** 30°C
- **翻麵靜置** 30 分鐘
- **分割重量** 110g/1 顆(共 6 顆 /3 顆為一模吐司)
- **中間發酵** 25 分鐘
- **整形樣式** 擀捲 2 次
- **最後發酵** 120 分鐘
- **烤焙數據** 先 ▶ 上火 180°C / 下火 230°C /15 分鐘
  後 ▶ 溫度不變 /10 分鐘

1. 中種攪拌
2. 中種基發
3. 主麵攪拌
4. 中間發酵
5. 翻麵
6. 分割
7. 整形
8. 最後發酵
9. 烤焙

中種作法

中種攪拌

1 鋼盆加入所有材料，拌勻至所有材料成團，上白糖充分溶解，麵團起缸溫度為 28℃。

中種基發

2 蓋上保鮮膜，參考小筆記基本發酵。

主麵團作法

主麵攪拌

3 攪拌缸加入材料 A、中種麵團，慢速攪打 3 分鐘，轉中速攪打 2 分鐘，打至所有材料成團。

4 加入材料 B，慢速攪打 3 分鐘，轉中速攪打 4 分鐘，打至擴展；麵團起缸溫度為 30℃。

中間發酵

5 麵團收整為圓形，放入撒上手粉的發酵箱內，參考小筆記中間發酵。

翻麵

6　翻麵摺疊拍出空氣，蓋上帆布（避免水氣散發），參考小筆記靜置。

分割

7　工作臺撒適量手粉，參考小筆記進行分割作業，滾圓。

整形

8　麵團擀開捲起，共擀捲 2 次；整形，將麵團摺疊收整為圓狀，放入 8 兩吐司模中。

最後發酵

9　放入發酵室，參考小筆記最後發酵。

烤焙

10　放入預熱好的烤箱，以上火 180℃／下火 230℃ 烘烤 15 分鐘，烤至表面金黃，調頭再烤 10 分鐘。

Point：戴上厚手套取出烤盤，將烤盤轉向再放入烤箱中，因烤箱內部也存在溫度落差，越靠近內部溫度越高，反之則越低；「調頭續烤」可以幫助麵團均勻上色，不會整盤烤出來顏色差異過大。

「中階型」今後麵包的技術運用／基本麵團 D：流淚吐司

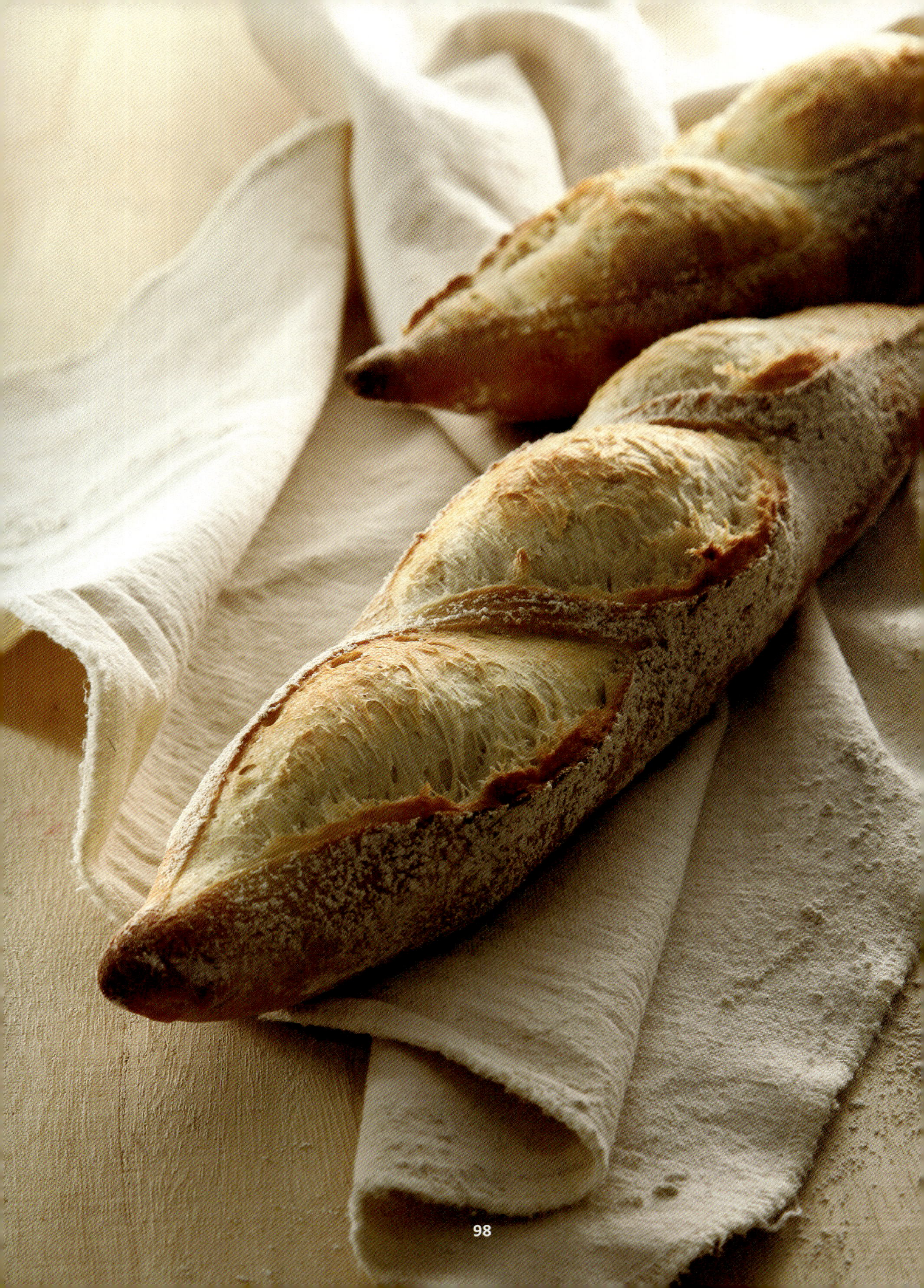

Bread E 法國麵包

小筆記 中種法

中種麵團

※ 如果起種失敗，配方中的「魯邦種」可替換為魯邦種酵母粉 15g，水則更新為 105g

材料名稱	百分比（%）	重量（g）
拿破崙法國麵粉	70	210
魯邦種（詳 P.15）	10	30
水	55	165
麥芽精	0.1	0.3
海藻糖膠	10	30

主麵團

※ 如果起種失敗，配方中的「魯邦種」可替換為魯邦種酵母粉 22.5g，水則更新為 97.5g

	材料名稱	百分比（%）	重量（g）
A	拿破崙法國麵粉	30	90
A	魯邦種（詳 P.15）	15	45
A	魯邦種法國老麵種（詳 P.17）	10	30
B	岩鹽	2	6
	合計	202.1	606.3

裝飾

裸麥粉	適量

中種 MEMO

- **麵團溫度**　28℃
- **基本發酵**　魯邦種配方：9 小時（27℃/80%）
  　　　　　　魯邦種酵母麵粉：18 小時（27℃/80%）

主麵團 MEMO

- **麵團溫度**　30℃
- **中間發酵**　25 分鐘
- **翻麵靜置**　30 分鐘
- **分割重量**　300g/1 顆
- **整形樣式**　法式魔杖
- **最後發酵**　60 分鐘
- **烤焙數據**　先 ▶ 蒸氣 5 秒 / 上火 230℃ / 下火 200℃ /10 分鐘
  　　　　　　後 ▶ 開氣門 / 溫度不變 /12 分鐘

1. 中種攪拌
2. 中種基發
3. 主麵攪拌
4. 中間發酵
5. 翻麵
6. 分割
7. 整形
8. 最後發酵
9. 烤焙

中種作法

中種攪拌

1 鋼盆加入所有材料，拌勻至所有材料成團，麵團起缸溫度為 28℃。

中種基發

2 蓋上保鮮膜，參考小筆記基本發酵。

主麵團作法

主麵攪拌

3 攪拌缸加入材料 A、中種麵團，慢速攪打 3 分鐘，轉中速攪打 2 分鐘，打至所有材料成團。

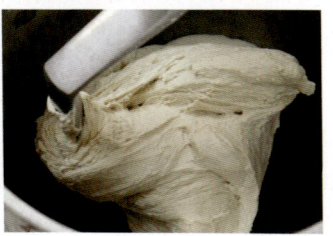

4 加入材料 B，慢速攪打 3 分鐘，轉中速攪打 4 分鐘，打至擴展；麵團起缸溫度為 30℃。

中間發酵

5 麵團收整為圓形，放入撒上手粉的發酵箱內，參考小筆記中間發酵。

翻麵

6 翻麵摺疊拍出空氣，蓋上帆布（避免水氣散發），參考小筆記靜置。

分割

7 工作臺撒適量手粉，參考小筆記進行分割作業，收整為圓團狀。

整形

8 麵團稍為拍開，整形為法式魔杖。

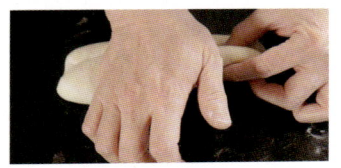

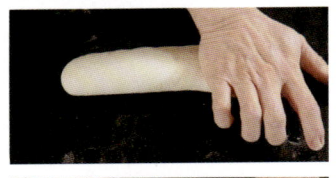

最後發酵

9 排入鋪上帆布、撒上手粉的烤盤，參考小筆記最後發酵。

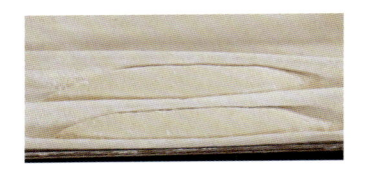

烤焙

10 搭配移動板取出麵團，間距相等的排入鋪上烤盤布的烤盤，噴水撒上裸麥粉，劃三刀，放入預熱好的烤箱，參考小筆記烤至金黃熟成。

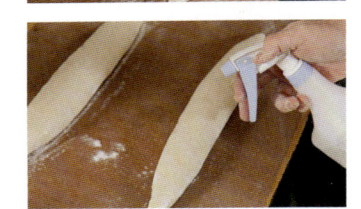

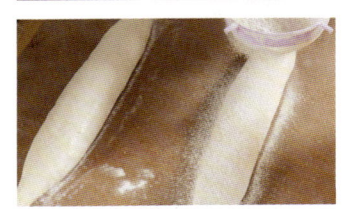

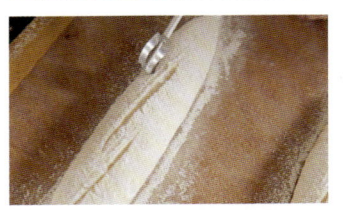

「中階型」今後麵包的技術運用／基本麵團E：法國麵包

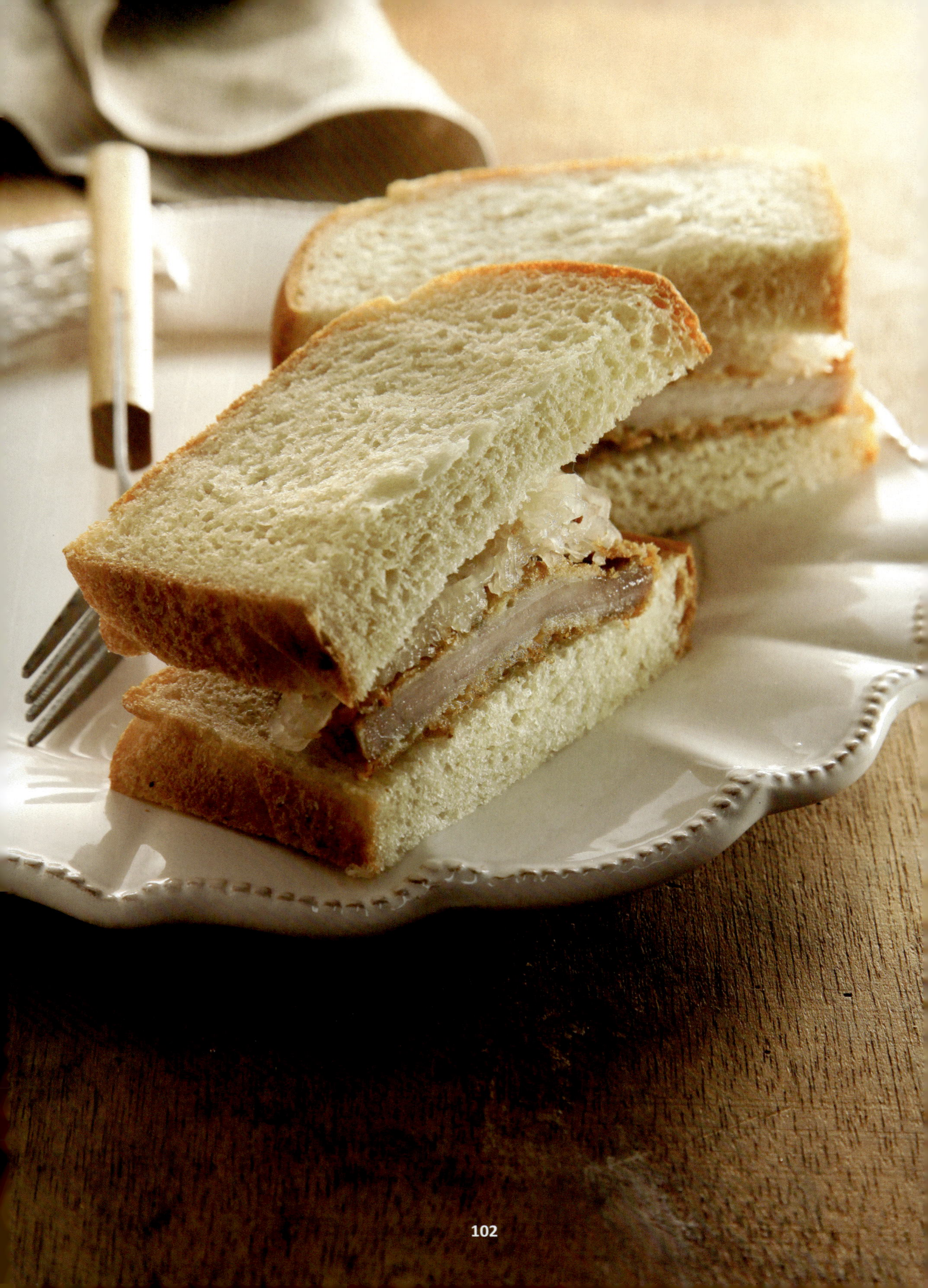

Bread D-1
醃白蘿蔔調理炸豬排流淚吐司

材料

流淚吐司麵團…600g（詳P.94～97）
越式醃白蘿蔔（無配料）…適量（詳P.22）
里肌肉…6片
黑胡椒粗粒…適量
鹽…適量
全蛋…2粒
高筋麵粉…100g
麵包屑…200g

- ❶ 備妥完成中種攪拌
- ❷ 中種基發
- ❸ 主麵攪拌
- ❹ 中間發酵
- ❺ 翻麵
- ❻ 分割
- ❼ 整形
- ❽ 最後發酵
- ❾ 烤焙完成之麵包
- ❿ 裝飾

裝飾

1 里肌肉用打肉槌把筋槌散，鋼盆放入里肌肉、鹽、黑胡椒粗粒醃製15分鐘。

2 取出里肌肉，依序將兩面沾上打散全蛋液、高筋麵粉、麵包屑備用。

3 鍋子加入500c.c.沙拉油（適量即可），加熱至180℃，放入豬排以中火炸至金黃熟成。

4 備妥流淚吐司，置於涼架放涼備用。

5 以鋸齒刀切出6片吐司，取一片吐司鋪底，放上炸豬排、無配料的越式醃白蘿蔔。

6 蓋上吐司，對半切開。

「中階型」今後麵包的技術運用／變化款／醃白蘿蔔調理炸豬排流淚吐司

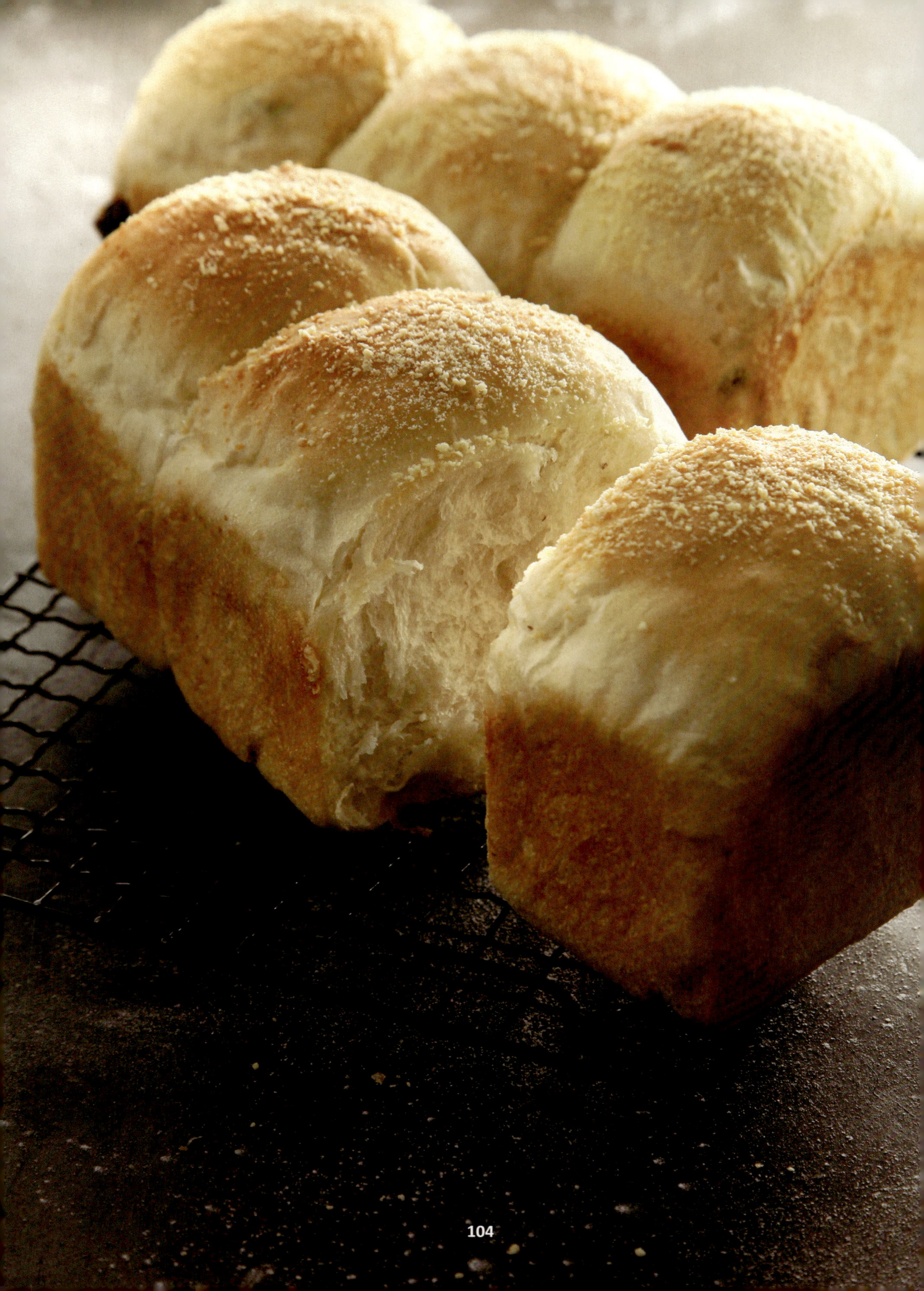

Bread D-2
葡萄乾歐丁乳酪吐司

材料

流淚吐司麵團…600g
（詳 P.94～97）
葡萄乾…75g

歐丁奶油乳酪餡…240g
（詳 P.21）
帕瑪森乾酪粉…60g

---

① 備妥完成中種攪拌
② 中種基發
③ 主麵攪拌步驟 4 之麵團
④ 中間發酵
⑤ 翻麵
⑥ 分割
⑦ 整形
⑧ 最後發酵
⑨ 烤前裝飾
⑩ 烤焙

備妥麵團

1 參考「流淚吐司麵團」配方，備好打至步驟 4 之麵團；葡萄乾蒸熟備用。

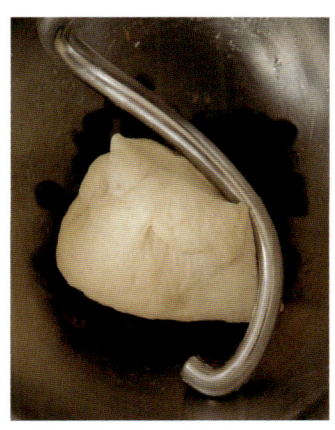

主麵攪拌

2 麵團分割四塊；攪拌缸放入蒸好的葡萄乾、1 塊麵團，低速攪拌一圈關機，再放入 1 塊麵團，攪拌一圈關機，重覆動作把麵團加完，將葡萄乾均勻混入麵團中；麵團起缸溫度 27℃。

「中階型」今後麵包的技術運用／變化款／葡萄乾歐丁乳酪吐司

中間發酵

3 麵團以摺疊方式收整為圓形,放入撒上手粉的發酵箱內,中間發酵 25 分鐘。

翻麵

4 翻麵摺疊拍出空氣,蓋上帆布(避免水氣散發),靜置 30 分鐘。

分割

5 工作臺撒適量手粉,麵團分割為 100 公克 /1 顆,收整為圓團;分割歐丁奶油乳酪餡 40g/1 個。

整形

6 麵團用手壓開成圓形,包入歐丁奶油乳酪餡,收口包起成圓形,放入 8 兩吐司模 3 個為一條。

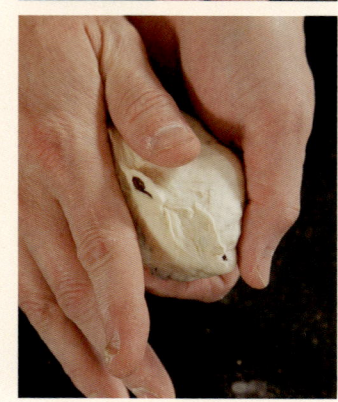

烤前裝飾

8 取出吐司模，噴水撒上帕瑪森乾酪粉。

烤焙

9 放入預熱好的烤箱，以上火 160℃／下火 230℃ 烘烤 15 分鐘，烤至表面金黃，調頭再烤 10 分鐘。

Point：戴上厚手套取出烤盤，將烤盤轉向再放入烤箱中，因烤箱內部也存在溫度落差，越靠近內部溫度越高，反之則越低；「調頭續烤」可以幫助麵團均勻上色，不會整盤烤出來顏色差異過大。

最後發酵

7 放入發酵室，最後發酵 3 小時。

「中階型」今後麵包的技術運用／變化款／葡萄乾歐丁乳酪吐司

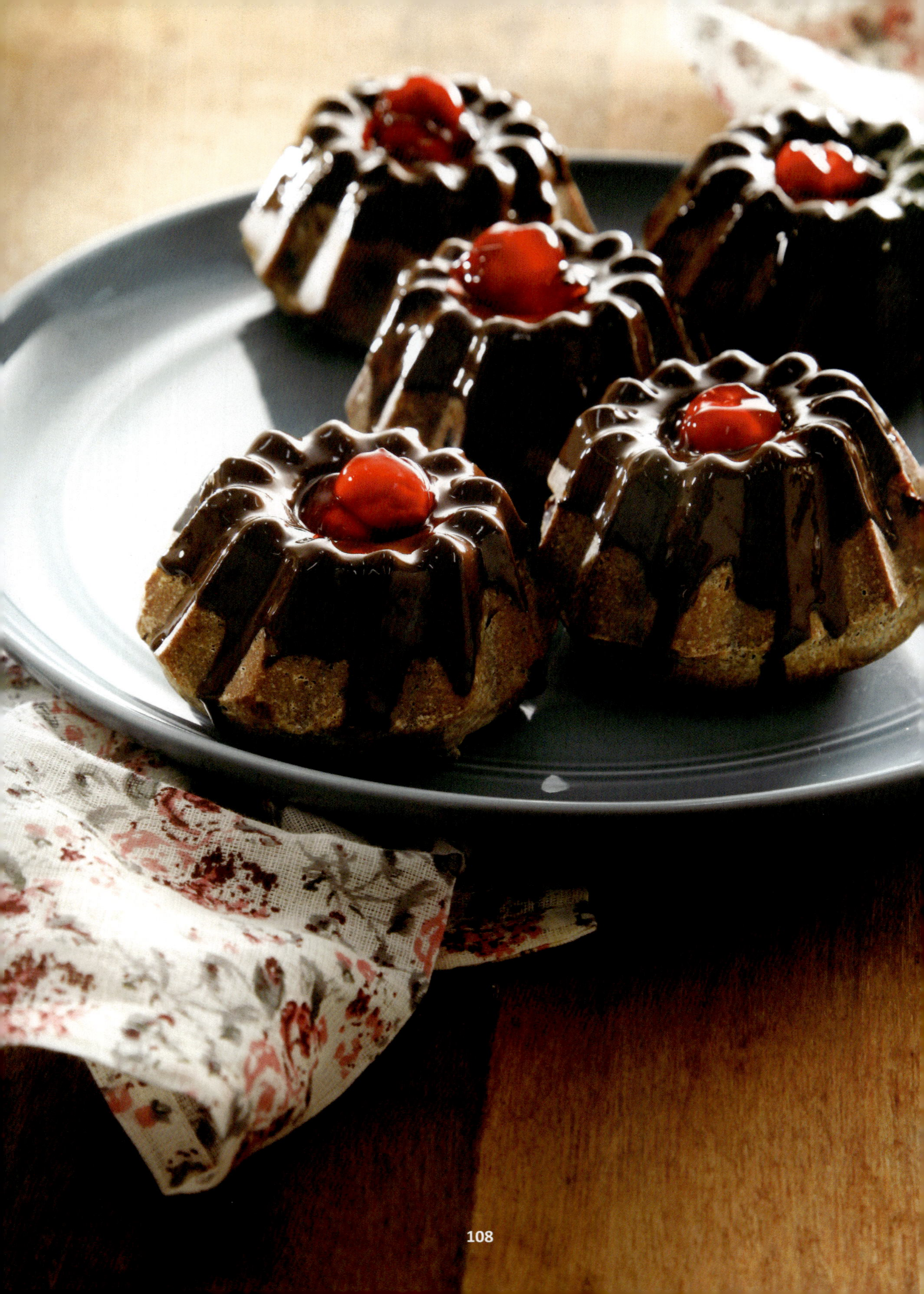

Bread D-3
巧克力咕咕霍夫吐司

材料

流淚吐司麵團…600g
（詳 P.94～97）

A｜ 戴飛小鷹可可粉…6g
　　水…12g
B｜ 上白糖…60g
C｜ 耐烤巧克力豆…60g
　　蔓越莓乾…120g

苦甜巧克力…150g
紅櫻桃派餡…120g

---

1. 備妥完成中種攪拌
2. 中種基發
3. 主麵攪拌步驟 4 之麵團
4. 翻麵
5. 分割
6. 整形
7. 最後發酵
8. 烤焙
9. 烤後裝飾

備妥麵團

1 參考「流淚吐司麵團」配方，備好打至步驟 4 之麵團；蔓越莓乾蒸熟備用；材料 A 混勻。

主麵攪拌

2 麵團分割四塊；攪拌缸放入材料 A、材料 B、1 塊麵團，低速攪拌至混勻關機，再放入 1 塊麵團，攪拌一圈關機，重覆動作把麵團加完，總攪拌時間為 3 分鐘，加入材料 C 慢速攪打 2 分鐘，將食材均勻混入麵團中；麵團起缸溫度 27℃。

「中階型」今後麵包的技術運用／變化款／巧克力咕咕霍夫吐司

翻麵

3 翻麵摺疊拍出空氣，蓋上帆布（避免水氣散發），靜置 30 分鐘。

分割

4 工作臺撒適量手粉，麵團分割為 120 公克 / 1 顆。

Point：手粉可以多一些，因為這個麵團較濕，手粉太少操作不易。

整形

5 麵團用手壓開成圓形，收整為圓團，放入咕咕霍夫矽膠模。

最後發酵

6 放入發酵室,最後發酵 3 小時。

烤焙

7 放入預熱好的烤箱,以上火 180℃／下火 280℃先烤 10 分鐘,調頭再烤 8 分鐘。

Point:戴上厚手套取出烤盤,將烤盤轉向再放入烤箱中,因烤箱內部也存在溫度落差,越靠近內部溫度越高,反之則越低;「調頭續烤」可以幫助麵團均勻上色,不會整盤烤出來顏色差異過大。

烤後裝飾

8 靜置冷卻,表面沾上隔水加熱的苦甜巧克力,中間放入 20 公克／1 個紅櫻桃派餡。

「中階型」今後麵包的技術運用／變化款／巧克力咕咕霍夫吐司

Bread D-4
小山圓抹茶乳酪吐司

材料

流淚吐司麵團⋯600g
（詳 P.94～97）

A｜小山圓抹茶粉⋯6g
　　水⋯6g
B｜上白糖⋯36g
C｜蜜紅豆粒⋯96g

歐丁奶油乳酪餡⋯適量
（詳 P.21）
無鹽奶油⋯50g
起士絲⋯15g

❶ 備妥完成中種攪拌
❷ 中種基發
❸ 主麵攪拌步驟 4 之麵團
❹ 中間發酵
❺ 翻麵
❻ 分割
❼ 整形
❽ 最後發酵
❾ 烤焙
❿ 烤後裝飾

備妥麵團

1　參考「流淚吐司麵團」配方，備好打至步驟 4 之麵團；材料 A 混勻備用。

主麵攪拌

2　麵團分割四塊；攪拌缸放入材料 A、材料 B、1 塊麵團，低速攪拌一圈關機，再放入 1 塊麵團，攪拌一圈關機，重覆動作把麵團加完，此階段全程約 3 分鐘，接著加入材料 C 低速攪拌 2 分鐘；麵團起缸溫度 27℃。

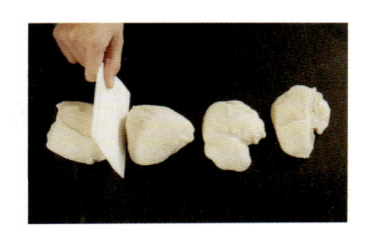

分割

5 工作臺撒適量手粉，麵團分割為 120 公克 / 1 顆，收整為圓形。

最後發酵

7 放入發酵室，最後發酵 3 小時。

烤焙

8 放入預熱好的烤箱，以上火 180℃ / 下火 230℃ 烘烤 10 分鐘，烤至表面金黃，調頭再烤 15 分鐘。

Point：戴上厚手套取出烤盤，將烤盤轉向再放入烤箱中，因烤箱內部也存在溫度落差，越靠近內部溫度越高，反之則越低；「調頭續烤」可以幫助麵團均勻上色，不會整盤烤出來顏色差異過大。

中間發酵

3 麵團以摺疊方式收整為圓形，放入撒上手粉的發酵箱內，中間發酵 25 分鐘。

翻麵

4 翻麵摺疊拍出空氣，蓋上帆布（避免水氣散發），靜置 30 分鐘。

整形

6 麵團用手壓開成長條形，上方擠入 10g 歐丁奶油乳酪餡，捲起，放入 8 兩吐司模。

烤後裝飾

9 麵包出爐後，趁熱刷上隔水加熱的熱無鹽奶油，撒上起士絲。

「中階型」今後麵包的技術運用／變化款／小山圓抹茶乳酪吐司

Bread D-5
乳酪培根吐司

材料

流淚吐司麵團…600g
（詳P.94～97）
歐丁高溫乳酪丁…150g
培根…6 片
粗粒黑胡椒…適量

---

① 備妥完成中種攪拌
② 中種基發
③ 主麵攪拌
④ 中間發酵
⑤ 翻麵
⑥ 分割之麵團
⑦ 整形
⑧ 最後發酵
⑨ 烤前裝飾
⑩ 烤焙

備妥麵團

1 參考「流淚吐司麵團」配方，備好完成至步驟 7 之麵團。

整形

2 麵團擀開成長條形，放入培根、25g 歐丁高溫乳酪丁，撒上粗粒黑胡椒，捲起，放入 8 兩吐司模（3 個為一條）。

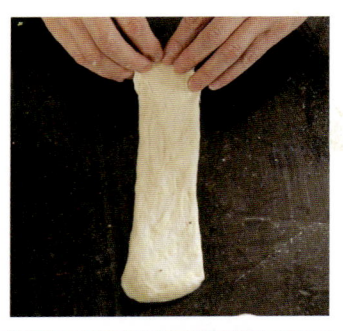

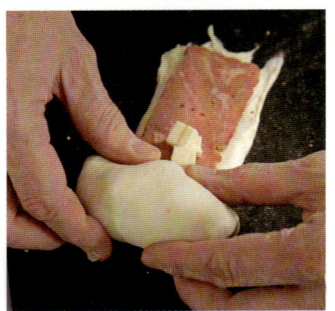

最後發酵

3 放入發酵室,最後發酵 3 小時。

烤前裝飾

4 噴水,山形各斜割一刀,撒上適量粗粒黑胡椒。

烤焙

5 放入預熱好的烤箱,以上火 180℃ / 下火 230℃ 烘烤 10 分鐘,烤至表面金黃,調頭再烤 15 分鐘。

Point:戴上厚手套取出烤盤,將烤盤轉向再放入烤箱中,因烤箱內部也存在溫度落差,越靠近內部溫度越高,反之則越低;「調頭續烤」可以幫助麵團均勻上色,不會整盤烤出來顏色差異過大。

「中階型」今後麵包的技術運用/變化款/乳酪培根吐司

Bread D-6
菠蘿蔓越莓巧克力吐司

材料

流淚吐司麵團…600g
（詳 P.94～97）
原味菠蘿餡…240g
（詳 P.23）
蔓越莓乾…60g
苦甜巧克力鈕扣…30g

① 備妥完成中種攪拌
② 中種基發
③ 主麵攪拌步驟 4 之麵團
④ 中間發酵
⑤ 翻麵
⑥ 分割
⑦ 整形
⑧ 最後發酵
⑨ 烤焙

備妥麵團

1　參考「流淚吐司麵團」配方，備好打至步驟 4 之麵團；蔓越莓乾蒸熟備用。

主麵攪拌

2　麵團分割四塊；攪拌缸放入蒸好的蔓越莓乾、苦甜巧克力鈕扣、1塊麵團，低速攪拌一圈關機，再放入 1 塊麵團，攪拌一圈關機，重覆動作把麵團加完，攪拌至固體材料混入麵團中；麵團起缸溫度 27℃。

中間發酵

3　麵團以摺疊方式收整為圓形，放入撒上手粉的發酵箱內，中間發酵 25 分鐘。

翻麵

4　翻麵摺疊拍出空氣，蓋上帆布（避免水氣散發），靜置 30 分鐘。

分割

5　工作臺撒適量手粉，麵團分割為 100 公克 /1 顆，收整為圓形。

整形

6　工作臺撒適量手粉，原味菠蘿餡分割 40g/1 個，原味菠蘿餡拍開，包入一個麵團，放入 8 兩吐司模。

最後發酵

7　放入發酵室，最後發酵 3 小時。

烤焙

8　放入預熱好的烤箱，以上火 200℃ / 下火 230℃ 烘烤 10 分鐘，烤至表面金黃，調頭再烤 15 分鐘。

Point：戴上厚手套取出烤盤，將烤盤轉向再放入烤箱中，因烤箱內部也存在溫度落差，越靠近內部溫度越高，反之則越低；「調頭續烤」可以幫助麵團均勻上色，不會整盤烤出來顏色差異過大。

「中階型」今後麵包的技術運用／變化款／菠蘿蔓越莓巧克力吐司

Bread D-7
巧克力菠蘿吐司

材料

流淚吐司麵團…600g
（詳 P.94～97）

A｜ 戴飛小鷹可可粉…6g
　　水…12g
B｜ 上白糖…60g
C｜ 耐烤巧克力豆…50g
　　可可菠蘿巧克力餡
　　…240g（詳 P.23）
　　耐烤巧克力豆…240g
　　細砂糖…100g

❶ 備妥完成中種攪拌
❷ 中種基發
❸ 主麵攪拌步驟 4 之麵團
❹ 中間發酵
❺ 翻麵
❻ 分割
❼ 整形
❽ 最後發酵
❾ 烤焙

備妥麵團

1 參考「流淚吐司麵團」配方，備好打至步驟 4 之麵團；材料 A 混勻備用。

主麵攪拌

2 麵團分割四塊；攪拌缸放入材料 A、材料 B、1 塊麵團，低速攪拌一圈關機，再放入 1 塊麵團，攪拌一圈關機，重覆動作把麵團加完，此階段全程約 3 分鐘，接著加入材料 C 低速攪拌 2 分鐘；麵團起缸溫度 27℃。

中間發酵

3　麵團以摺疊方式收整為圓形,放入撒上手粉的發酵箱內,中間發酵25分鐘。

翻麵

4　翻麵摺疊拍出空氣,蓋上帆布(避免水氣散發),靜置30分鐘。

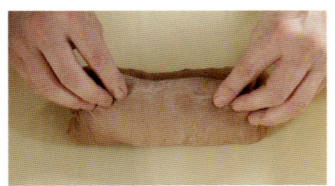

分割

5　工作臺撒適量手粉,麵團分割為110公克/1顆,收整為圓狀。

整形

6　工作臺撒適量手粉,可可菠蘿巧克力餡分割40g/1個,取一個麵團拍開,包入40g耐烤巧克力豆收整成長條狀,再拍開可可菠蘿巧克力餡包入麵團,沾上細砂糖,放入8兩吐司模。

最後發酵

7　放入發酵室,最後發酵3小時。

烤焙

8　放入預熱好的烤箱,以上火180℃/下火280℃先烤15分鐘,調頭再烤10分鐘。

Point:戴上厚手套取出烤盤,將烤盤轉向再放入烤箱中,因烤箱內部也存在溫度落差,越靠近內部溫度越高,反之則越低;「調頭續烤」可以幫助麵團均勻上色,不會整盤烤出來顏色差異過大。

「中階型」今後麵包的技術運用/變化款/巧克力菠蘿吐司

Bread D-8
小山圓菠蘿紅豆吐司

材料

流淚吐司麵團…600g
（詳 P.94～97）

A｜ 小山圓抹茶粉…6g
　｜ 水…6g
B｜ 上白糖…36g
C｜ 蜜紅豆粒…96g
　　小山圓抹茶菠蘿餡…240g
　　（詳 P.23）

❶ 備妥完成中種攪拌
❷ 中種基發
❸ 主麵攪拌步驟4之麵團
❹ 中間發酵
❺ 翻麵
❻ 分割
❼ 整形
❽ 最後發酵
❾ 烤焙

備妥麵團

1 參考「流淚吐司麵團」配方，備好打至步驟4之麵團；材料A混勻備用。

主麵攪拌

2 麵團分割四塊；攪拌缸放入材料A、材料B、1塊麵團，低速攪拌一圈關機，再放入1塊麵團，攪拌一圈關機，重覆動作把麵團加完，此階段全程約3分鐘，接著加入材料C低速攪拌2分鐘；麵團起缸溫度27℃。

中間發酵

3 麵團以摺疊方式收整為圓形，放入撒上手粉的發酵箱內，中間發酵25分鐘。

翻麵

4 翻麵摺疊拍出空氣，蓋上帆布（避免水氣散發），靜置30分鐘。

分割

5 工作臺撒適量手粉，麵團分割為120公克/1顆，收整為圓狀。

整形

6 工作臺撒適量手粉，小山圓抹茶菠蘿餡分割40g/1個，拍開小山圓抹茶菠蘿餡包入麵團，放入8兩吐司模。

最後發酵

7 放入發酵室，最後發酵3小時。

烤焙

8 放入預熱好的烤箱，以上火180℃／下火230℃先烤10分鐘，調頭再烤15分鐘。

Point：戴上厚手套取出烤盤，將烤盤轉向再放入烤箱中，因烤箱內部也存在溫度落差，越靠近內部溫度越高，反之則越低；「調頭續烤」可以幫助麵團均勻上色，不會整盤烤出來顏色差異過大。

「中階型」今後麵包的技術運用／變化款／小山圓菠蘿紅豆吐司

Bread E-1
爆漿切達起士吐司

材料

中種法法國麵包麵團…600g
（詳 P.98～101）
歐丁切達乳酪片…6 片
歐丁切達乳酪抹醬…120g

❶ 備妥完成中種攪拌
❷ 中種基發
❸ 主麵攪拌
❹ 中間發酵
❺ 翻麵之麵團
❻ 分割
❼ 整形
❽ 最後發酵
❾ 烤焙

備妥麵團

1 參考「中種法法國麵包麵團」配方，備好完成至步驟 6 之麵團。

分割

2 工作臺撒適量手粉，麵團分割為 100 公克 /1 顆，收整為圓狀。

整形

3 麵團以擀麵棍擀開，放上歐丁切達乳酪片，擠上 20g 歐丁切達乳酪抹醬，捲起，收整為團狀，放入 8 兩吐司模中。

最後發酵

4 放入發酵室，最後發酵 3 小時。

烤焙

5 放入預熱好的烤箱，以上火 180℃／下火 230℃ 烘烤 15 分鐘，烤至表面金黃，調頭再烤 10 分鐘。

「中階型」今後麵包的技術運用／變化款／爆漿切達起士吐司

Bread E-2
油漬番茄乳酪法國麵包

材料

中種法法國麵包麵團…600g
（詳 P.98～101）
歐丁高溫乳酪丁…150g
帕瑪森乾酪粉…適量
裸麥粉…適量

油漬小番茄

聖女番茄…120g
冷榨橄欖油…10g
上白糖…10g
岩鹽…1g

1. 備妥完成中種攪拌
2. 中種基發
3. 主麵攪拌
4. 中間發酵
5. 翻麵之麵團
6. 分割
7. 整形
8. 最後發酵
9. 烤前裝飾
10. 烤焙

油漬小番茄作法

① 聖女番茄以活水洗淨剝去蒂頭，取紙巾或布巾擦乾，切半。
② 放上烤盤，依序撒上岩鹽、上白糖、冷榨橄欖油。
③ 放入烤箱，以上下火 160℃ 烤 12 分鐘，出爐後靜置冷卻，備用。

主麵團作法

備妥麵團

1 參考「中種法法國麵包麵團」配方，備好完成至步驟 6 之麵團。

分割

2 工作臺撒適量手粉，麵團分割為 200 公克 /1 顆，收整為圓狀。

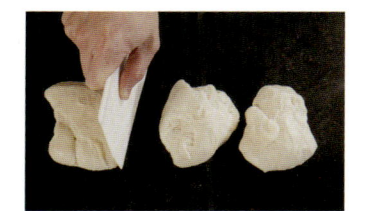

整形

3 麵團以擀麵棍擀開，放上 40 公克的油漬小番茄、50g 歐丁高溫乳酪丁，撒上帕瑪森乾酪粉，捲起。

最後發酵

4 排入鋪上帆布、撒上手粉的烤盤，最後發酵 2 小時。

烤前裝飾

5 搭配移動板取出麵團，間距相等的排入鋪上烤盤布的烤盤，噴水撒裸麥粉，中間斜割 1 刀。

烤焙

6 放入預熱好的烤箱，蒸氣 5 秒，以上火 230℃／下火 200℃ 烘烤 10 分鐘，開氣門，再烤 8 分鐘。

「中階型」今後麵包的技術運用／變化款／油漬番茄乳酪法國麵包

Bread E-3

維也納法國麵包

材料

中種法法國麵包麵團…600g
（詳 P.98～101）
無水奶油…30g
上白糖…10g
無鹽奶油…適量
維也納餡…165g
（詳 P.22）

① 備妥完成中種攪拌
② 中種基發
③ 主麵攪拌步驟 3 之麵團
④ 中間發酵
⑤ 翻麵
⑥ 分割
⑦ 整形
⑧ 最後發酵
⑨ 烤前裝飾
⑩ 烤焙
⑪ 烤後裝飾

備妥麵團

1　參考「中種法法國麵包麵團」配方，備好打至步驟3之麵團。麵團分割四塊；攪拌缸加入材料B時也加入無水奶油、上白糖、1塊麵團，低速攪拌一圈關機，再放入1塊麵團，攪拌一圈關機，重覆動作把麵團加完，打至擴展狀態；麵團起缸溫度為27℃。

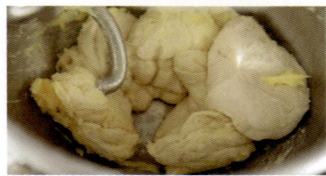

中間發酵

2　麵團以摺疊方式收整為圓形，放入撒上手粉的發酵箱內，中間發酵25分鐘。

翻麵

3　翻麵摺疊拍出空氣，蓋上帆布（避免水氣散發），靜置30分鐘。

分割

4　工作臺撒適量手粉，麵團分割為200公克/1顆，收整為圓狀。

整形

5　麵團稍微拍開，整形為橄欖形。

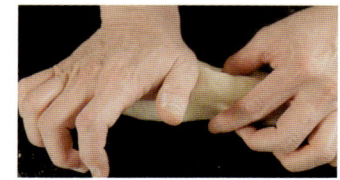

最後發酵

6　排入鋪上帆布、撒上手粉的烤盤，最後發酵2小時。

烤前裝飾

7　搭配移動板取出麵團，間距相等的排入鋪上烤盤布的烤盤，噴水，中間斜割2刀，擠上無鹽奶油。

烤焙

8　放入預熱好的烤箱，蒸氣5秒，以上下火200℃先烤10分鐘，開氣門，再烤8分鐘。

烤後裝飾

9　冷卻後從中間切開，抹上55g維也納餡。

「中階型」今後麵包的技術運用／變化款／維也納法國麵包

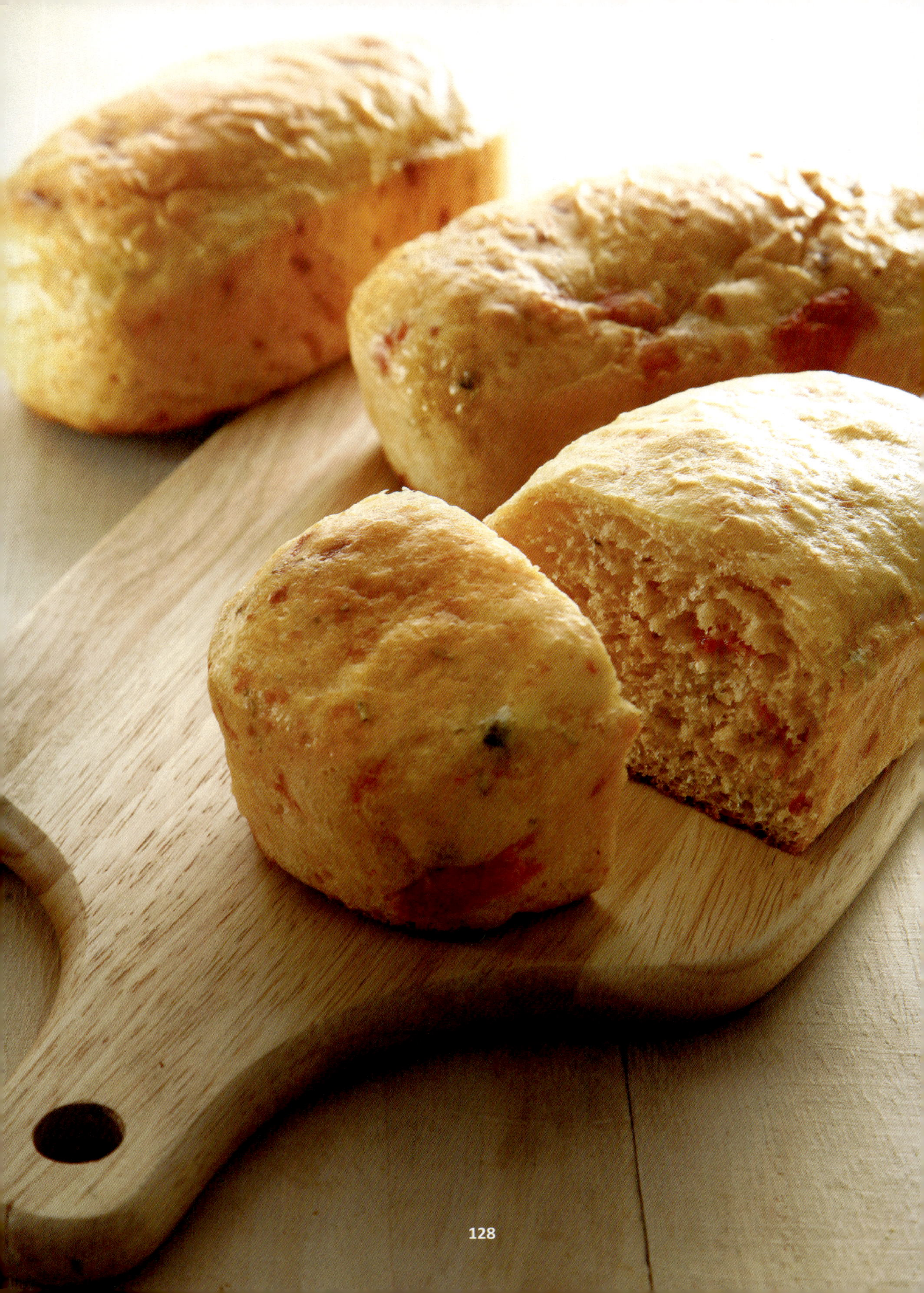

Bread E-4
迷迭香番茄橄欖法國麵包

材料

中種法法國麵包麵團…600g
（詳 P.98～101）

A
- 無鹽奶油…30g
- 奶粉…9g

B
- 帕瑪森乾酪粉…30g
- 黑胡椒粗粒…1g
- 乾迷迭香…1g
- 聖女番茄…45g
- 黑橄欖…15g

橄欖油…適量

「中階型」今後麵包的技術運用／變化款／迷迭香番茄橄欖法國麵包

❶ 備妥完成中種攪拌
❷ 中種基發
❸ 主麵攪拌步驟4之麵團
❹ 中間發酵
❺ 翻麵
❻ 分割
❼ 整形
❽ 最後發酵
❾ 烤焙
❿ 烤後裝飾

備妥麵團

1 參考「中種法法國麵包麵團」配方，備好打至步驟4之麵團；聖女番茄洗淨，去蒂頭切半；黑橄欖洗淨切半。

主麵攪拌

2 攪拌缸加入材料A、麵團，慢速攪打3分鐘，麵團分割四塊；攪拌缸放入材料B，分次放入麵團，攪打至食材均勻混入麵團中；麵團起缸溫度27℃。

中間發酵

3 工作臺撒適量手粉，麵團以摺疊方式收整為圓形，放入撒上手粉的發酵箱內，中間發酵 25 分鐘。

翻麵

4 翻麵摺疊拍出空氣，蓋上帆布（避免水氣散發），靜置 30 分鐘。

分割

5 工作臺撒適量手粉，麵團分割為 100 公克 /1 顆，收整為團狀。

Point：手粉可以多一些，因為這個麵團較濕，手粉太少操作不易。

整形

6　工作臺撒適量手粉，麵團拍開捲起，放入100g/1模的浴缸矽膠模。

最後發酵

7　排入烤盤，最後發酵2小時。

烤焙

8　放入預熱好的烤箱，蒸氣5秒，以上火230℃／下火250℃烘烤10分鐘，開氣門，再烤10分鐘。

烤後裝飾

9　刷上橄欖油。

「中階型」今後麵包的技術運用／變化款／迷迭香番茄橄欖法國麵包

Bread E-5
白葡萄乾乳酪法國麵包卷

材料

中種法法國麵包麵團…600g
（詳 P.98～101）

A ｛ 無鹽奶油…30g
　　上白糖…30g
　　奶粉…6g

白葡萄乾…80g
歐丁高溫乳酪丁…80g
全蛋…50g
水…10g
帕瑪森乾酪粉…30g

① 備妥完成中種攪拌
② 中種基發
③ 主麵攪拌步驟4之麵團
④ 中間發酵
⑤ 翻麵
⑥ 分割
⑦ 整形
⑧ 最後發酵
⑨ 烤前裝飾
⑩ 烤焙

備妥麵團

1 參考「中種法法國麵包麵團」配方，備好打至步驟4之麵團；白葡萄乾蒸熟備用。

主麵攪拌

2 攪拌缸加入材料A，慢速攪打3分鐘。

中間發酵

3 麵團收整為圓形，放入撒上手粉的發酵箱內，中間發酵 25 分鐘。

翻麵

4 翻麵摺疊拍出空氣，蓋上帆布（避免水氣散發），靜置 30 分鐘。

分割

5 工作臺撒適量手粉，麵團分割為 160 公克 / 1 顆，收整為團狀。

整形

6 工作臺撒適量手粉，麵團擀開成長條，每個鋪上 20g 蒸好的白葡萄乾、20g 歐丁高溫乳酪丁，捲起，中間切開，放入 100g / 1 模的浴缸矽膠模。

最後發酵

7 排入烤盤，最後發酵 2 小時。

烤前裝飾

8 表面擦上混勻的全蛋、水，撒上帕瑪森乾酪粉。

烤焙

9 放入預熱好的烤箱，蒸氣 5 秒，以上火 200℃ / 下火 250℃ 烘烤 10 分鐘，開氣門，再烤 10 分鐘。

「中階型」今後麵包的技術運用／變化款／白葡萄乾乳酪法國麵包卷

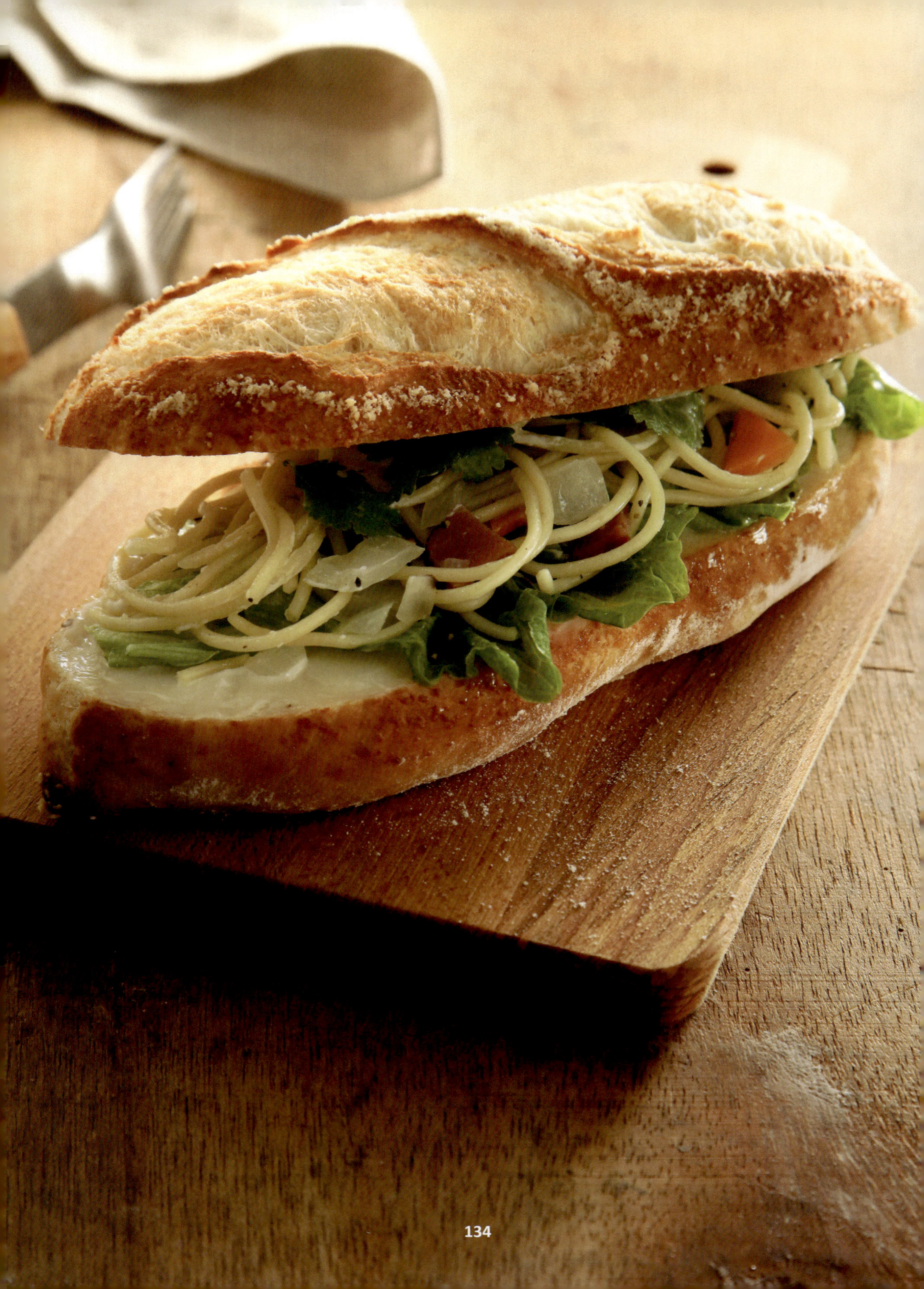

Bread E-6
炒麵法國麵包變化式

材料

中種法法國麵包麵團…600g
（詳 P.98～101）

A ┃ 無水奶油…30g
　┃ 上白糖…10g

無鹽奶油…適量
帕瑪森乾酪粉…100g
美乃滋…60g
美生菜…3 片
炒麵餡…適量
（詳 P.23）
香菜葉…適量

---

❶ 備妥完成中種攪拌
❷ 中種基發
❸ 主麵攪拌步驟 4 之麵團
❹ 中間發酵
❺ 翻麵
❻ 分割
❼ 整形
❽ 最後發酵
❾ 烤前裝飾
❿ 烤焙
⓫ 烤後裝飾

備妥麵團

1 參考「中種法法國麵包麵團」配方，備好打至步驟 4 之麵團。

主麵攪拌

2 麵團分割四塊；攪拌缸加入材料 A、1 塊麵團，低速攪拌一圈關機，再放入 1 塊麵團，攪拌一圈關機，重覆動作把麵團加完，慢速攪打 3 分鐘。

中間發酵

3 麵團以摺疊方式收整為圓形，放入撒上手粉的發酵箱內，中間發酵25分鐘。

翻麵

4 翻麵摺疊拍出空氣，蓋上帆布（避免水氣散發），靜置30分鐘。

分割

5 工作臺撒適量手粉，麵團分割為200公克/1顆。

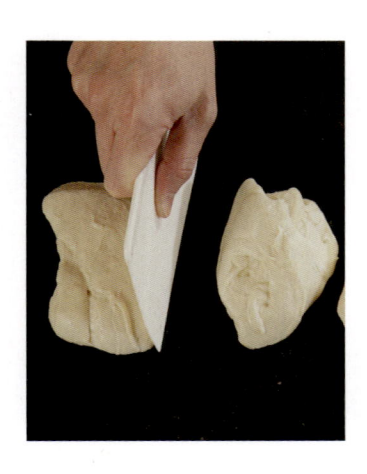

整形

6 麵團整形為法式魔杖。

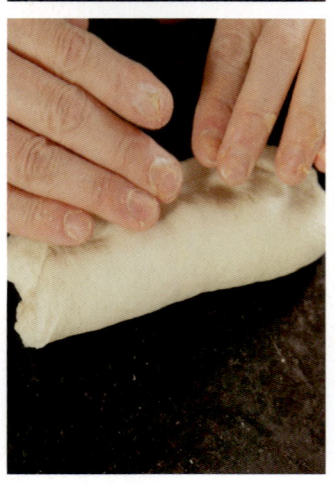

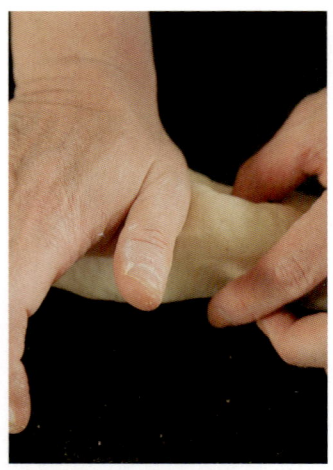

最後發酵

7 排入鋪上帆布、撒上手粉的烤盤，最後發酵2小時。

烤前裝飾

8 搭配移動板取出麵團，間距相等的排入鋪上烤盤布的烤盤，噴水，中間割 2 刀，擠上無鹽奶油，撒上帕瑪森乾酪粉。

烤焙

9 放入預熱好的烤箱，蒸氣 5 秒，以上火 200℃／下火 200℃ 烘烤 10 分鐘，開氣門，再烤 8 分鐘。

烤後裝飾

10 出爐放涼，取一塊麵包中間切開，抹上 20g 美乃滋，放 1 片美生菜，放上炒麵餡，中間以香菜葉裝飾。

「中階型」今後麵包的技術運用／變化款／炒麵法國麵包變化式

Chapter 4

「高階型」進化麵包
宵種法的技術運用

添加各式發酵麵種是為了可以擁有良好的發酵活性品質
慢酵工法，不但可以促進麵團發酵，同時也讓麵團具有老麵熟成優點

如果想強化魯邦種天然酵母菌發酵品質，我們可以使用魯邦種酵母麵粉搭配各式發酵麵種，藉由「慢酵工法」長時間的基本發酵，來增加魯邦種酵母菌在麵包中的數量，將其拉近到與商業酵母菌一樣的發酵活性，整合發酵所產生的小麥熟成風味，使烘焙好的麵包風味卓絕群倫，演繹深層美味。

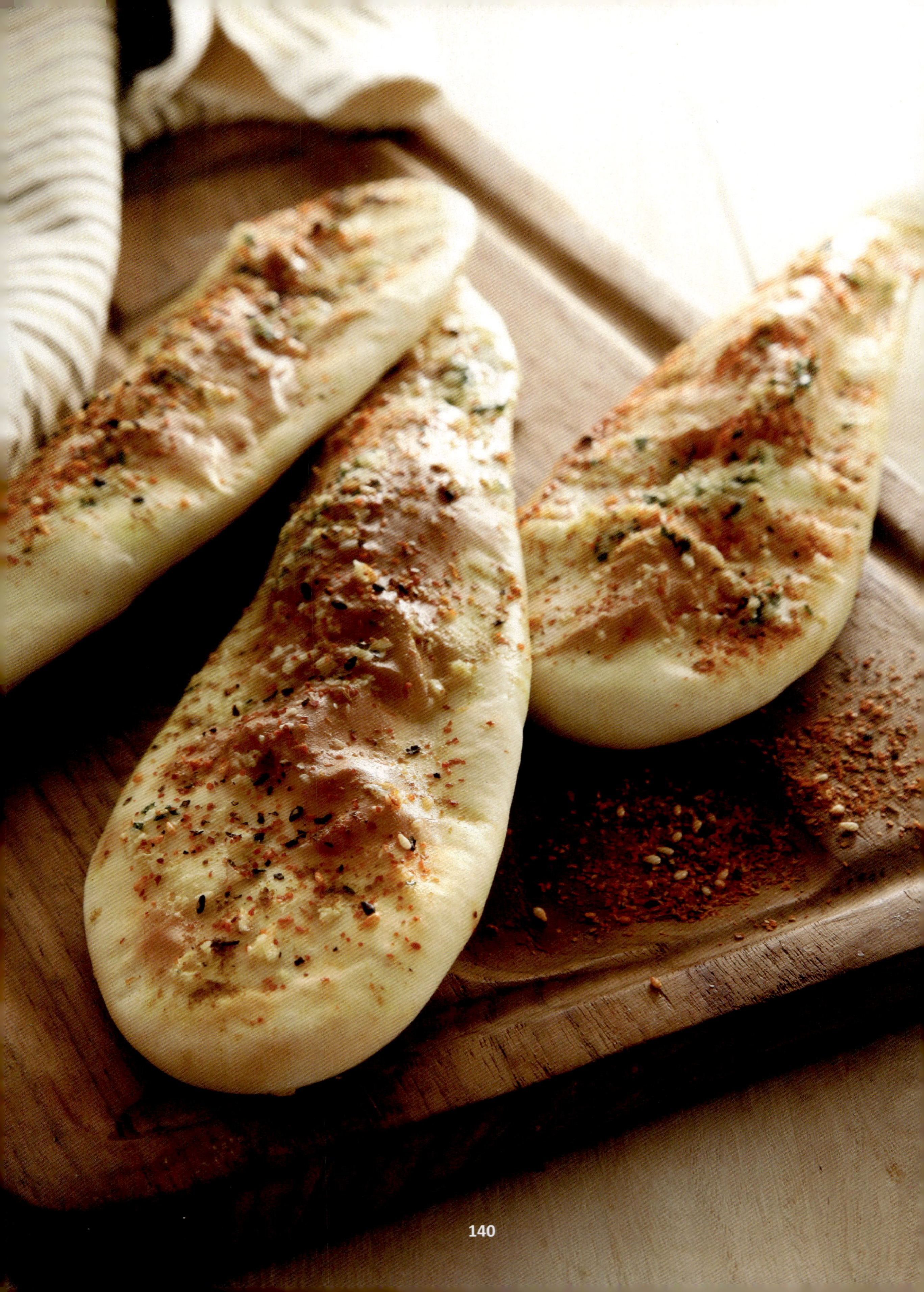

印度烤餅

中種麵團

※ 如果起種失敗，配方中的「魯邦種」可替換為魯邦種酵母粉 10g，水則更新為 58g，基本發酵時間需要改為 24 小時。

材料名稱	百分比（%）	重量（g）
拿破崙法國麵粉	12	52
上白糖	1	3
岩鹽	0.3	1.2
煉乳	1	3
蜂蜜	1	3
魯邦種（詳 P.15）	4	20
水	11	48
合計	30.3	130.2

主麵團

※ 如果起種失敗，配方中的「魯邦種」可替換為魯邦種酵母粉 20g，水則更新為 180g，中間發酵時間需要改為 8 小時。

	材料名稱	百分比（%）	重量（g）
A	拿破崙法國麵粉	44	200
	鑽石低筋麵粉	44	200
	魯邦種（詳 P.15）	9	40
	海藻糖膠	9	40
	水	35	160
B	岩鹽	2	7
	無鹽奶油	5	24
	合計	178.3	801.2

其他

有鹽奶油	60g
香蒜餡（詳 P.22）	60g
咖哩粉	10g
七味辛辣粉	10g

小筆記
宵種法

中種 MEMO

- **麵團溫度**　24℃
- **基本發酵**　魯邦種酵母粉配方：18 小時（27℃ / 75%）
  魯邦種配方：9 小時（27℃ / 75%）

主麵團 MEMO

- **麵團溫度**　27℃
- **中間發酵**　魯邦種酵母粉配方：18 小時
  魯邦種配方：9 小時
- **翻麵靜置**　30 分鐘
- **分割重量**　100g/1 顆
- **滾圓冷凍**　10～15 分鐘
- **整形樣式**　水滴狀
- **烤焙數據**　先 ▶ 上下 280℃ / 3～4 分鐘
  後 ▶ 烤至底部著色，翻面，兩面烤至著色出爐

1. 中種攪拌
2. 中種基發
3. 主麵攪拌
4. 中間發酵
5. 翻麵
6. 分割
7. 滾圓冷凍
8. 整形
9. 烤焙
10. 烤後裝飾

中種作法

中種攪拌

1 鋼盆加入所有材料，拌勻至所有材料成團，麵團起缸溫度夏天為 24℃，冬天為 25℃。

中種基發

2 蓋上保鮮膜，參考小筆記基本發酵。

主麵團作法

主麵攪拌

3 攪拌缸加入材料 A、中種麵團，慢速攪打 4 分鐘，打至所有材料成團；室溫軟化無鹽奶油。

4 加入材料 B，慢速攪打 3 分鐘，打至擴展；麵團起缸溫度為 27℃。

中間發酵

5 麵團收整為圓形，放入撒上手粉的發酵箱內，參考小筆記中間發酵。

翻麵

6 翻麵摺疊拍出空氣，蓋上帆布（避免水氣散發），參考小筆記靜置。

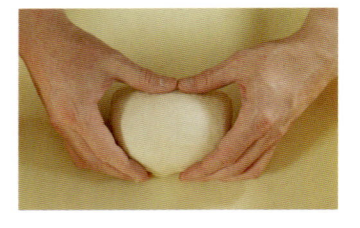

分割

7 工作臺撒適量手粉，參考小筆記進行分割作業，收整為圓狀。

滾圓冷凍

8 放入撒上手粉的烤盤，蓋上塑膠袋，冷凍 10～15 分鐘。

整形

9 整形成水滴狀，擀開麵團。

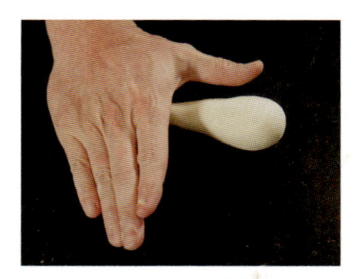

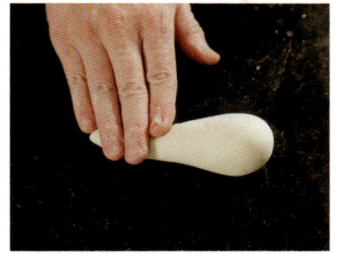

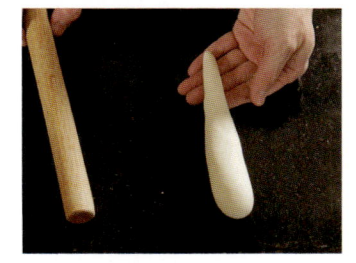

烤焙

10 間距相等的排入鋪上烤盤布的烤盤，放入預熱好的烤箱，參考小筆記烤至金黃熟成。

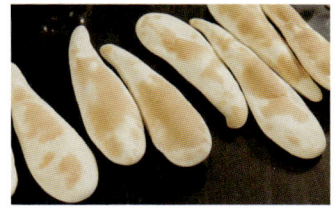

烤後裝飾

11 趁熱刷上融化的有鹽奶油，抹香蒜餡，撒上七味辛辣粉、咖哩粉。

「高階型」進化麵包宵種法的技術運用／印度烤餅

143

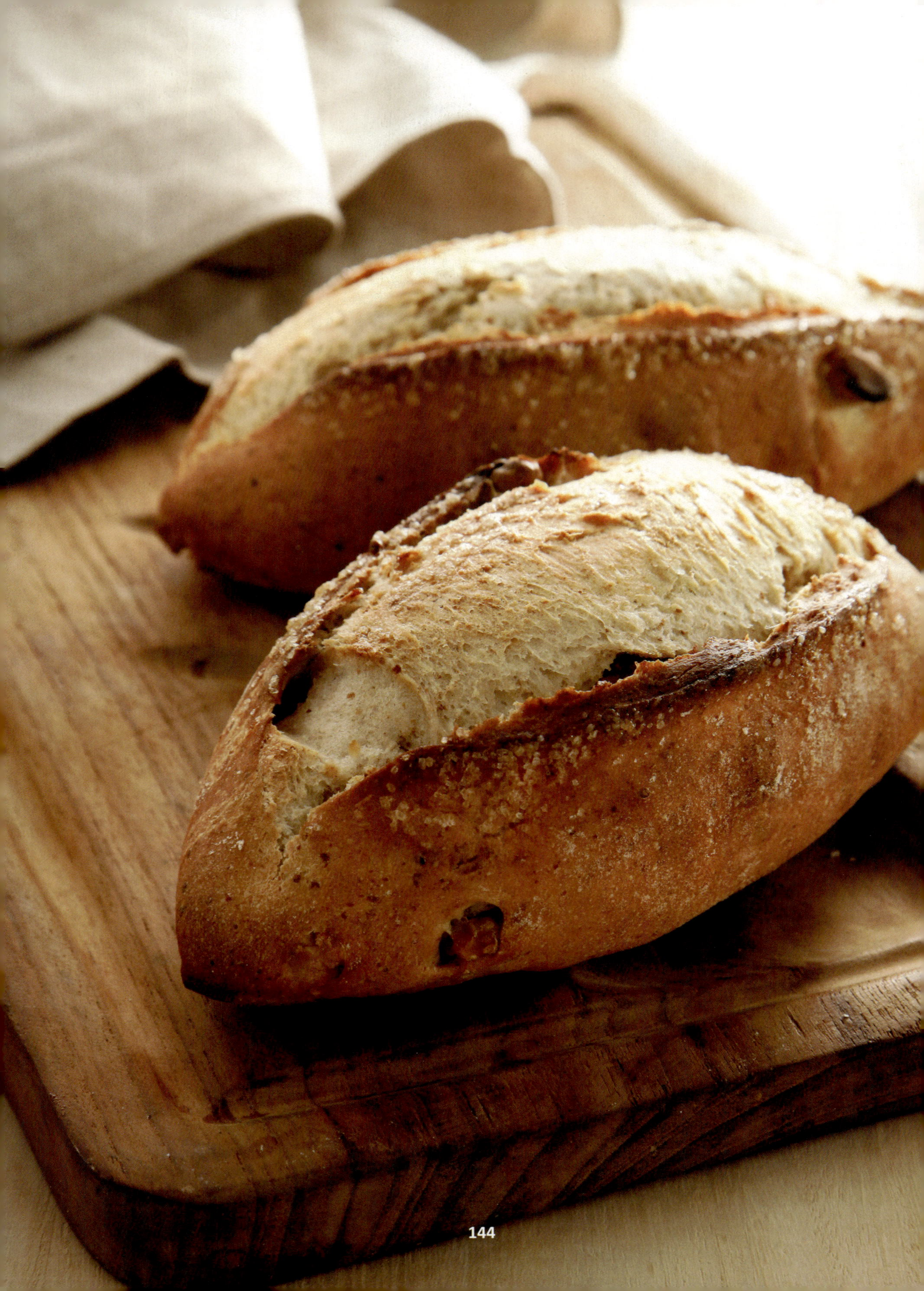

夏威夷果仁全麥麵包

小筆記 — 宵種法

中種麵團

材料名稱	百分比（%）	重量（g）
鷹牌高筋麵粉	60	180
魯邦種酵母麵粉	5	15
水	67	201
合計	132	396

主麵團

	材料名稱	百分比（%）	重量（g）
A	鷹牌高筋麵粉	30	90
A	裸麥粉	10	30
A	小麥胚芽粉	5	15
A	上白糖	4	12
A	魯邦種酵母頭（詳 P.18）	10	30
A	新海藻糖膠	10	30
B	鹽	2	6
B	無鹽奶油	4	12
C	核桃碎	10	30
C	夏威夷豆	15	45
	合計	232	696

其他

無鹽奶油	100g
二砂糖	80g

備註　確認裸麥粉有無含鹽，有含鹽主麵團不必加 6g 鹽

中種 MEMO

- 麵團溫度　夏天 28℃ / 冬天 30℃
- 基本發酵　18 小時（27℃ / 80%）

主麵團 MEMO

- 麵團溫度　28℃
- 中間發酵　60 分鐘
- 翻麵靜置　30 分鐘
- 分割重量　220g/1 顆
- 整形樣式　橄欖形
- 最後發酵　60 分鐘
- 烤焙數據　蒸氣 10 秒 / 上火 230℃ / 下火 180℃ / 15 分鐘

1. 中種攪拌
2. 中種基發
3. 主麵攪拌
4. 中間發酵
5. 翻麵
6. 分割
7. 整形
8. 最後發酵
9. 烤前裝飾
10. 烤焙

中種作法

中種攪拌

1　鋼盆加入所有材料，拌勻至所有材料成團，麵團起缸溫度夏天為 28℃，冬天為 30℃。

中種基發

2　蓋上保鮮膜，參考小筆記基本發酵。

主麵團作法

主麵攪拌

3　攪拌缸加入材料 A、中種麵團，慢速攪打 3 分鐘，打至所有材料成團；核桃碎烤至香氣散發；室溫軟化無鹽奶油。

4　加入材料 B，慢速攪打 3 分鐘，中速攪打 4 分鐘，打至擴展；攪拌缸加入材料 C，慢速攪打 2 分鐘，打至果核均勻散入麵團；麵團起缸溫度為 28℃。

中間發酵

5　麵團收整為圓形，放入撒上手粉的發酵箱內，參考小筆記中間發酵。

翻麵

6　翻麵摺疊拍出空氣，蓋上帆布（避免水氣散發），參考小筆記靜置。

分割

7　工作臺撒適量手粉，參考小筆記進行分割作業，收整為圓狀。

整形

8 麵團拍開摺疊，整形成橄欖形。

最後發酵

9 烤盤鋪上帆布、撒上手粉均勻排入，參考小筆記進行最後發酵。

烤前裝飾

10 搭配麵包移動板取出麵團，間距相等的排入鋪上烤盤布的烤盤，割一刀，擠上室溫軟化的無鹽奶油，撒二砂糖。

烤焙

11 放入預熱好的烤箱，參考小筆記烤至金黃熟成。

「高階型」進化麵包宵種法的技術運用／**夏威夷果仁全麥麵包**

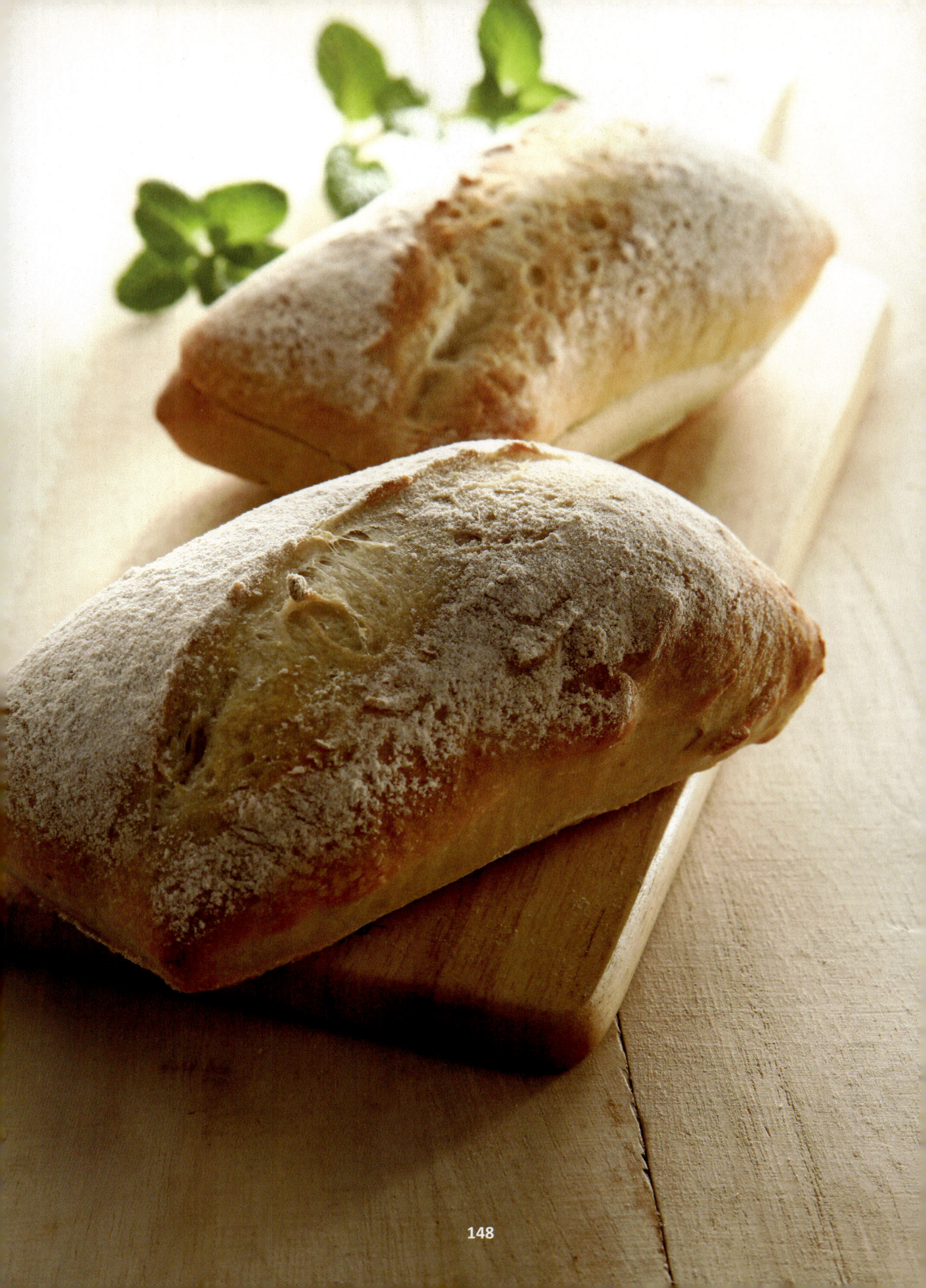

手揉鄉村麵包

小筆記
宵種法

中種麵團（詳 P.146 作法）

材料名稱	百分比（%）	重量（g）
拿破崙法國麵粉	70	210
麥芽精	0.2	0.6
魯邦種酵母麵粉	5	15
水	70	210

主麵團

	材料名稱	百分比（%）	重量（g）
A	海藻糖膠	10	30
A	魯邦種法國老麵種（詳 P.17）	10	30
A	魯邦種酵種（詳 P.16）	10	30
B	鷹牌高筋麵粉	25	75
B	裸麥粉	5	15
B	鹽	2	5.4
C	橄欖油	5	15
	合計	212.2	636

主麵團 MEMO

- 麵團溫度　28℃
- 中間發酵　30 分鐘
- 翻麵①　30 分鐘
- 翻麵②　30 分鐘
- 翻麵③　60 分鐘
- 翻麵④　30 分鐘
- 分割重量　200g/1 顆
- 整形樣式　長方形
- 最後發酵　2 小時
- 烤焙數據　蒸氣 5 秒 / 上火 230℃ / 下火 200℃ / 18 分鐘

---

1. 備妥完成中種攪拌
2. 中種基發之麵團
3. 主麵攪拌
4. 中間發酵
5. 翻麵 ①
6. 翻麵 ②
7. 翻麵 ③
8. 翻麵 ④
9. 分割整形
10. 最後發酵
11. 烤前裝飾
12. 烤焙

備妥麵團

1 備妥發酵完成的中種麵團。

主麵攪拌

2 鋼盆加入材料 A、中種麵團、材料 B，刮刀翻拌至無粉粒。

3 加入材料 C，拌入油脂；麵團起缸溫度為 28℃。

中間發酵

4 麵團收整為圓形，放入撒上手粉的發酵箱內，參考小筆記中間發酵。

翻麵①

5 翻麵摺疊拍出空氣，蓋上帆布（避免水氣散發），參考小筆記靜置。

翻麵②

6 翻麵摺疊拍出空氣，蓋上帆布（避免水氣散發），參考小筆記靜置。

翻麵③

7 翻麵摺疊拍出空氣，蓋上帆布（避免水氣散發），參考小筆記靜置。

翻麵④

8 翻麵摺疊拍出空氣，蓋上帆布（避免水氣散發），參考小筆記靜置。

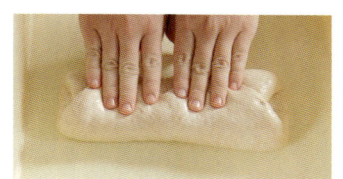

分割整形

9 工作臺撒適量手粉，參考小筆記進行分割作業，四邊切平。

最後發酵

10 烤盤鋪上帆布、撒上手粉均勻排入，參考小筆記進行最後發酵。

烤前裝飾

11 間距相等的排入鋪上烤盤布的烤盤，噴水，撒裸麥粉劃一刀。

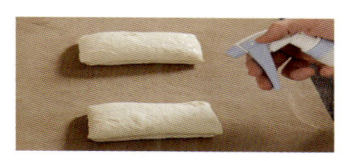

烤焙

12 放入預熱好的烤箱，參考小筆記烤至金黃熟成。

「高階型」進化麵包宵種法的技術運用／手揉鄉村麵包

151

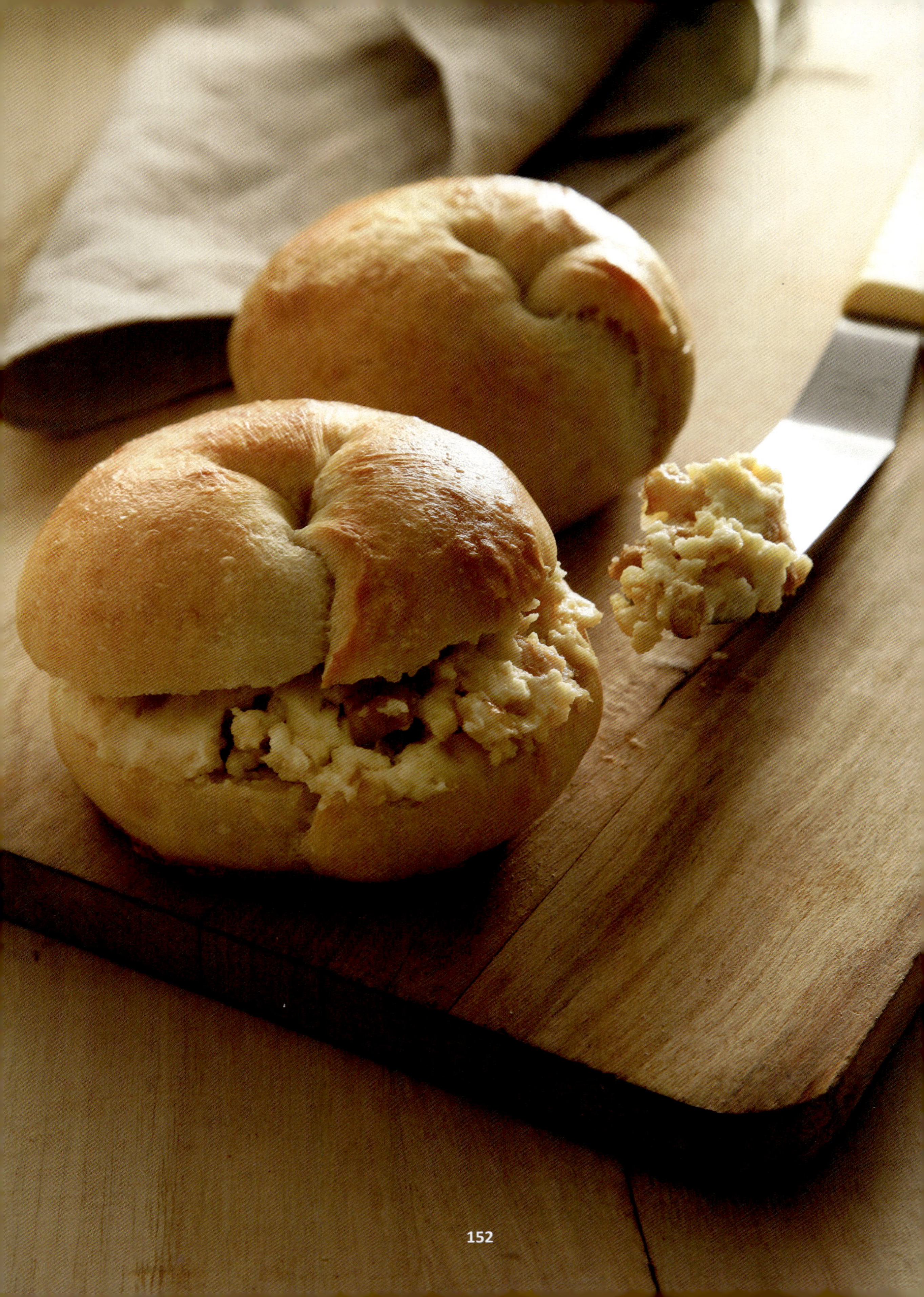

Bread F

乳酪貝果麵包

小筆記
宵種法

中種麵團（詳 P.146 作法）

材料名稱	百分比（%）	重量（g）
鷹牌高筋麵粉	70	217
魯邦種酵母麵粉	5	16
水	58	180

主麵團

	材料名稱	百分比（%）	重量（g）
A	鷹牌高筋麵粉	30	93
	上白糖	3	9
	魯邦種酵種（詳 P.16）	10	31
	蜂蜜	2	6
	海藻糖膠	10	31
B	岩鹽	2	5
	無鹽奶油	6	19
	合計	196	607

其他

麥芽精	9g
水	3000c.c.
焦糖核桃歐丁乳酪餡（詳 P.21）	240g

主麵團 MEMO

- 麵團溫度　夏天 28℃ / 冬天 30℃
- 基本發酵　60 分鐘
- 翻麵靜置　60 分鐘
- 分割重量　100g/1 顆
- 中間發酵　25 分鐘
- 整形樣式　甜甜圈
- 最後發酵　60 分鐘
- 烤焙數據　先 ▶ 上火 230℃ / 下火 200℃ /10 分鐘
　　　　　　後 ▶ 溫度不變 /5 分鐘

❶ 備妥完成中種攪拌
❷ 中種基發之麵團
❸ 主麵攪拌
❹ 基本發酵
❺ 翻麵
❻ 分割
❼ 中間發酵
❽ 整形
❾ 最後發酵
❿ 烤前裝飾
⓫ 烤焙
⓬ 烤後裝飾

備妥麵團

1　備妥發酵完成的中種麵團。

主麵攪拌

2　攪拌缸加入材料 A、中種麵團，慢速攪打 3 分鐘，中速攪打 2 分鐘，打至所有材料成團；室溫軟化無鹽奶油。

3　加入材料 B，慢速攪打 3 分鐘，中速攪打 3 分鐘，打至擴展；麵團起缸溫度夏天為 28℃，冬天 30℃。

基本發酵

4　麵團收整為圓形，放入撒上手粉的發酵箱內，參考小筆記基本發酵。

翻麵

5　翻麵摺疊拍出空氣，蓋上帆布（避免水氣散發），參考小筆記靜置。

分割

6　工作臺撒適量手粉，參考小筆記進行分割作業，收整為圓狀。

中間發酵

7　均勻排入撒上手粉的發酵箱內，參考小筆記中間發酵。

整形

8　麵團擀開捲起成長條，尾部輕壓，頭尾相連，整形成甜甜圈狀。

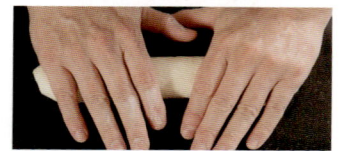

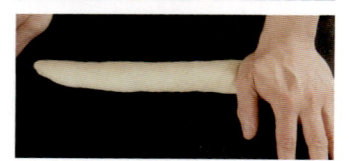

最後發酵

9　烤盤鋪上帆布、撒上手粉均勻排入，參考小筆記進行最後發酵。

烤前裝飾

10　鋼盆加入麥芽精、水一同煮滾，放入麵團，單面燙 30 秒，燙好麵團兩面，瀝乾備用。

烤焙

11 間距相等的排入鋪上烤盤布的烤盤，放入預熱好的烤箱，參考小筆記烤至金黃熟成。

烤後裝飾

12 貝果放涼從中切開，抹上40g焦糖核桃歐丁乳酪餡。

Bread F-1
韓國泡菜貝果麵包

① 備妥完成中種攪拌
② 中種基發
③ 主麵攪拌
④ 基本發酵
⑤ 翻麵
⑥ 分割
⑦ 中間發酵
⑧ 整形
⑨ 最後發酵
⑩ 烤前裝飾
⑪ 烤焙之麵團
⑫ 烤後裝飾

材料

乳酪貝果麵團…600g
（詳P.152～154）
韓國泡菜餡…適量
（詳P.23）
嫩肩牛肉…2片
黑胡椒粗粒…適量
鹽…適量

備妥麵團

1 參考「乳酪貝果麵團」配方，備好完成烤焙之麵團。

烤後裝飾

2 嫩肩牛肉用黑胡椒粗粒、鹽一同醃製20分鐘，取平底鍋開火，加入1大匙橄欖油熱油，放入嫩肩牛肉，煎熟備用；貝果放涼從中切開，夾入韓國泡菜餡、煎好的嫩煎牛肉。

「高階型」進化麵包宵種法的技術運用／基本麵團F：乳酪貝果麵包／韓國泡菜貝果麵包

巧克力貝果麵包

小筆記
宵種法

中種麵團（詳 P.146 作法）		
材料名稱	百分比（%）	重量（g）
鷹牌高筋麵粉	70	217
魯邦種酵母麵粉	5	16
水	58	180
主麵團		
鷹牌高筋麵粉	30	93
法芙娜可可粉	2	6
A 上白糖	10	31
魯邦種酵種（詳P.16）	10	31
蜂蜜	2	6
海藻糖膠	10	31
B 岩鹽	2	5
無鹽奶油	6	19
合計	205	635

其他	
麥芽精	9g
水	3000c.c.

主麵團 MEMO

麵團溫度	夏天 28℃ / 冬天 30℃
基本發酵	60 分鐘
翻麵靜置	60 分鐘
分割重量	100g/1 顆
中間發酵	25 分鐘
整形樣式	甜甜圈
最後發酵	60 分鐘
烤焙數據	先 ▶ 上火 230℃ / 下火 200℃ / 10 分鐘
	後 ▶ 溫度不變 /5 分鐘

❶ 備妥完成中種攪拌
❷ 中種基發之麵團
❸ 主麵攪拌
❹ 基本發酵
❺ 翻麵
❻ 分割
❼ 中間發酵
❽ 整形
❾ 最後發酵
❿ 烤前裝飾
⓫ 烤焙
⓬ 烤後裝飾

備妥麵團

1 備妥發酵完成的中種麵團。

主麵攪拌

2 攪拌缸加入材料 A、中種麵團，慢速攪打 3 分鐘，中速攪打 2 分鐘，打至所有材料成團；室溫軟化無鹽奶油。

3 加入材料 B，慢速攪打 3 分鐘，中速攪打 3 分鐘，打至擴展；麵團起缸溫度夏天為 28℃，冬天 30℃。

基本發酵

4 麵團收整為圓形，放入撒上手粉的發酵箱內，參考小筆記基本發酵。

翻麵

5 翻麵摺疊拍出空氣，蓋上帆布（避免水氣散發），參考小筆記靜置。

分割

6 工作臺撒適量手粉，參考小筆記進行分割作業，收整為圓狀。

中間發酵

7 均勻排入撒上手粉的發酵箱內，參考小筆記中間發酵。

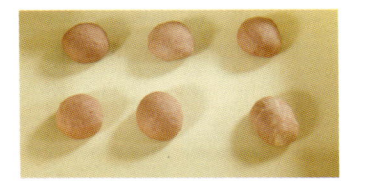

整形

8 麵團擀開捲起成長條，尾部輕壓，頭尾相連，整形成甜甜圈狀。

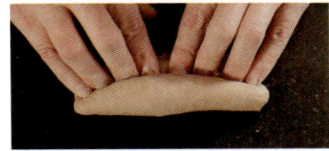

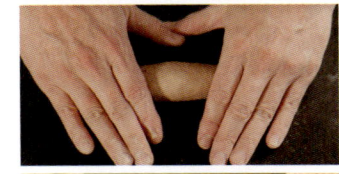

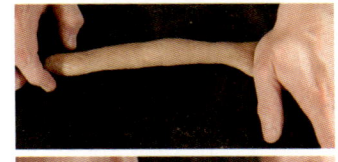

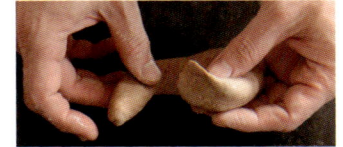

最後發酵

9 烤盤鋪上帆布、撒上手粉均勻排入，參考小筆記進行最後發酵。

烤前裝飾

10 鋼盆加入麥芽精、水一同煮滾，放入麵團，單面燙 30 秒，燙好麵團兩面，瀝乾備用。

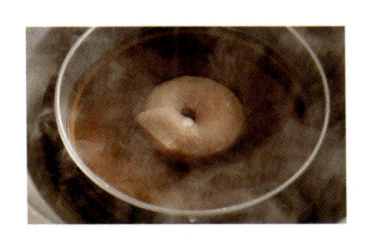

烤焙

11 間距相等的排入鋪上烤盤布的烤盤，放入預熱好的烤箱，參考小筆記烤至金黃熟成。

烤後裝飾

12 貝果放涼從中切開，抹上餡料篇章任意一種歐丁餡。

「高階型」進化麵包宵種法的技術運用／巧克力貝果麵包

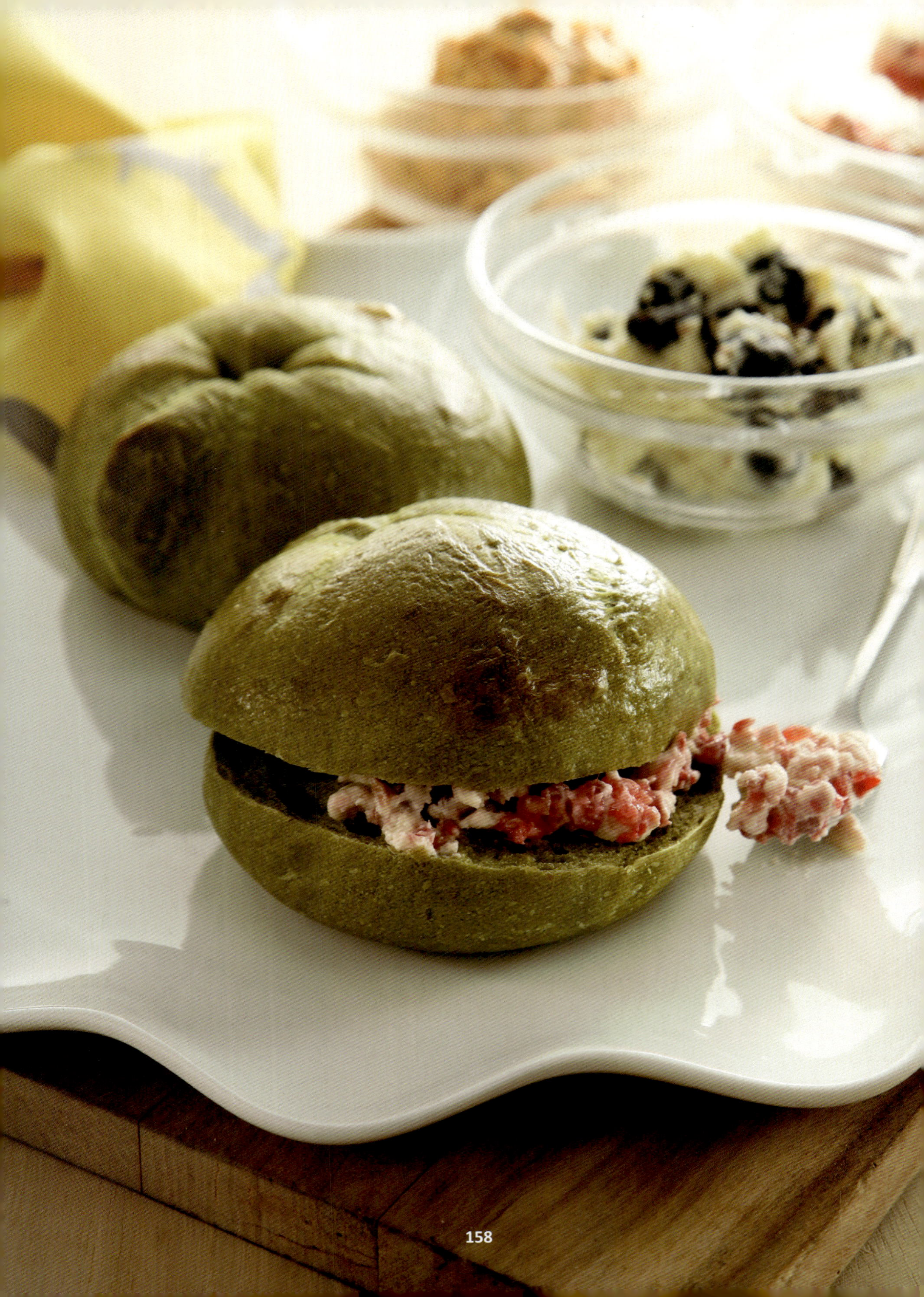

小山圓貝果麵包

小筆記 宵種法

中種麵團（詳 P.146 作法）

材料名稱	百分比（%）	重量（g）
鷹牌高筋麵粉	70	217
魯邦種酵母麵粉	5	16
水	58	180

主麵團

	材料名稱	百分比（%）	重量（g）
A	鷹牌高筋麵粉	30	93
	小山圓若竹抹茶粉	2	6
	上白糖	7	22
	魯邦種酵種（詳 P.16）	10	31
	蜂蜜	2	6
	海藻糖膠	10	31
B	岩鹽	2	5
	無鹽奶油	6	19
	合計	202	626

其他

麥芽精	9g
水	3000c.c.

主麵團 MEMO

- **麵團溫度** 夏天 28℃ / 冬天 30℃
- **基本發酵** 60 分鐘
- **翻麵靜置** 60 分鐘
- **分割重量** 100g / 1 顆
- **中間發酵** 25 分鐘
- **整形樣式** 甜甜圈
- **最後發酵** 60 分鐘
- **烤焙數據**
  - 先 ▶ 上火 230℃ / 下火 200℃ / 10 分鐘
  - 後 ▶ 溫度不變 / 5 分鐘

---

1. 備妥完成中種攪拌
2. 中種基發之麵團
3. 主麵攪拌
4. 基本發酵
5. 翻麵
6. 分割
7. 中間發酵
8. 整形
9. 最後發酵
10. 烤前裝飾
11. 烤焙
12. 烤後裝飾

備妥麵團

1 備妥發酵完成的中種麵團。

主麵攪拌

2 攪拌缸加入材料 A、中種麵團，慢速攪打 3 分鐘，中速攪打 2 分鐘，打至所有材料成團；室溫軟化無鹽奶油。

3 加入材料 B，慢速攪打 3 分鐘，中速攪打 3 分鐘，打至擴展；麵團起缸溫度夏天為 28℃，冬天 30℃。

基本發酵

4 麵團收整為圓形，放入撒上手粉的發酵箱內，參考小筆記基本發酵。

翻麵

5 翻麵摺疊拍出空氣，蓋上帆布（避免水氣散發），參考小筆記靜置。

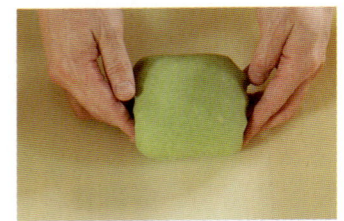

分割

6 工作臺撒適量手粉，參考小筆記進行分割作業，收整為圓形。

中間發酵

7 均勻排入撒上手粉的發酵箱內，參考小筆記中間發酵。

整形

8 麵團擀開捲起成長條，尾部輕壓，頭尾相連，整形成甜甜圈狀。

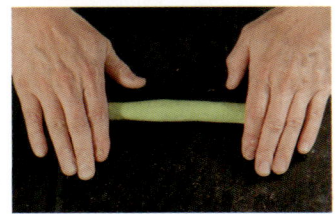

最後發酵

9 烤盤鋪上帆布、撒上手粉均勻排入，參考小筆記進行最後發酵。

烤前裝飾

10 鋼盆加入麥芽精、水一同煮滾，放入麵團，單面燙 30 秒，燙好麵團兩面，瀝乾備用。

烤焙

11 間距相等的排入鋪上烤盤布的烤盤，放入預熱好的烤箱，參考小筆記烤至金黃熟成。

烤後裝飾

12 貝果放涼從中切開，抹上餡料篇章任意一種歐丁餡。

「高階型」進化麵包宵種法的技術運用／小山圓貝果麵包

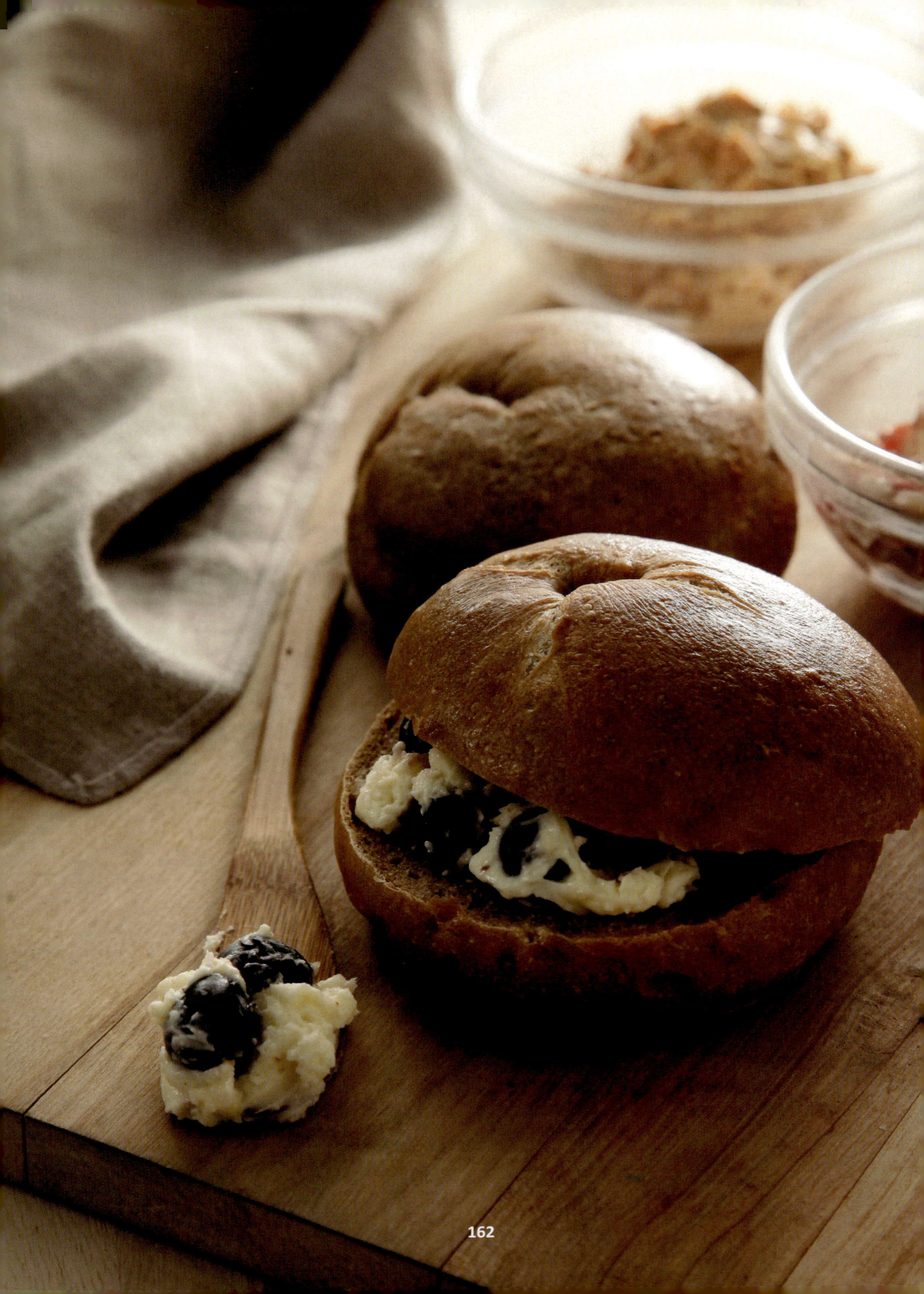

拿鐵貝果麵包

中種麵團（詳 P.146 作法）

材料名稱	百分比（%）	重量（g）
鷹牌高筋麵粉	70	217
魯邦種酵母麵粉	5	16
牛奶	58	180

主麵團

	材料名稱	百分比（%）	重量（g）
A	鷹牌高筋麵粉	30	93
A	咖啡醬	2	6
A	上白糖	5	16
A	魯邦種酵種（詳 P.16）	10	31
A	蜂蜜	2	6
A	海藻糖膠	10	31
B	岩鹽	2	5
B	無鹽奶油	6	19
	合計	200	620

咖啡醬

即溶咖啡粉	5g
冷開水	5g

其他

麥芽精	9g
水	3000c.c.

小筆記
宵種法

主麵團 MEMO

- **麵團溫度**　夏天 28℃ / 冬天 30℃
- **基本發酵**　60 分鐘
- **翻麵靜置**　60 分鐘
- **分割重量**　100g / 1 顆
- **中間發酵**　25 分鐘
- **整形樣式**　甜甜圈
- **最後發酵**　60 分鐘
- **烤焙數據**　先 ▶ 上火 230℃ / 下火 200℃ / 10 分鐘
　　　　　　　後 ▶ 溫度不變 / 5 分鐘

1. 備妥完成中種攪拌
2. 中種基發之麵團
3. 主麵攪拌
4. 基本發酵
5. 翻麵
6. 分割
7. 中間發酵
8. 整形
9. 最後發酵
10. 烤前裝飾
11. 烤焙
12. 烤後裝飾

備妥麵團

1　備妥發酵完成的中種麵團；咖啡醬材料混勻備用。

主麵攪拌

2　攪拌缸加入材料 A、中種麵團，慢速攪打 3 分鐘，中速攪打 2 分鐘，打至所有材料成團；室溫軟化無鹽奶油。

3　加入材料 B，慢速攪打 3 分鐘，中速攪打 3 分鐘，打至擴展；麵團起缸溫度夏天為 28℃，冬天 30℃。

基本發酵

4　麵團收整為圓形，放入撒上手粉的發酵箱內，參考小筆記基本發酵。

翻麵

5　翻麵摺疊拍出空氣，蓋上帆布（避免水氣散發），參考小筆記靜置。

分割

6　工作臺撒適量手粉，參考小筆記進行分割作業，收整為圓狀。

中間發酵

7　均勻排入撒上手粉的發酵箱內，參考小筆記中間發酵。

整形

8　麵團擀開捲起成長條，尾部輕壓，頭尾相連，整形成甜甜圈狀。

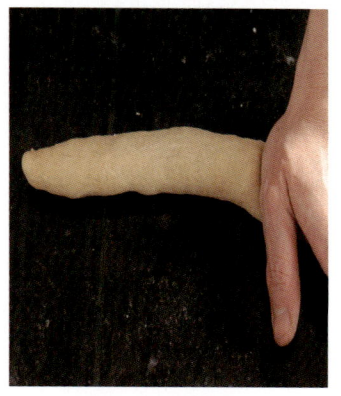

最後發酵

9 烤盤鋪上帆布、撒上手粉均勻排入，參考小筆記進行最後發酵。

烤前裝飾

10 鋼盆加入麥芽精、水一同煮滾，放入麵團，單面燙 30 秒，燙好麵團兩面，瀝乾備用。

烤焙

11 間距相等的排入鋪上烤盤布的烤盤，放入預熱好的烤箱，參考小筆記烤至金黃熟成。

烤後裝飾

12 貝果放涼從中切開，抹上餡料篇章任意一種歐丁餡。

「高階型」進化麵包宵種法的技術運用／拿鐵貝果麵包

165

Chapter 5
「義大利窯爐」烤焙麵包的技術運用

使用義大利窯爐烤焙麵包與電烤箱的方法技巧完全不同

以 500 公克的半條吐司模為例,使用一般電烤箱需要 35～40 分鐘的烤焙時間,使用義大利窯爐卻只需 20～25 分鐘,只需一般電烤箱一半的烤焙時間。義大利窯爐烤焙麵包是利用瓦斯或燒柴預爐 3～4 小時,讓窯爐內達到 300～350℃ 的高溫,再關火關爐門,降溫 1 小時,待窯爐回溫到 250℃ 左右才開始烤焙麵包。此時窯爐壁所產生的紅外線熱能穿透力能讓烤焙的麵包中心快速達到 96℃,高溫短時間烤焙的麵包,具有很強的鎖水保溼性與絕佳的化口性,表皮因梅納反應上色均勻,麥香味十足。

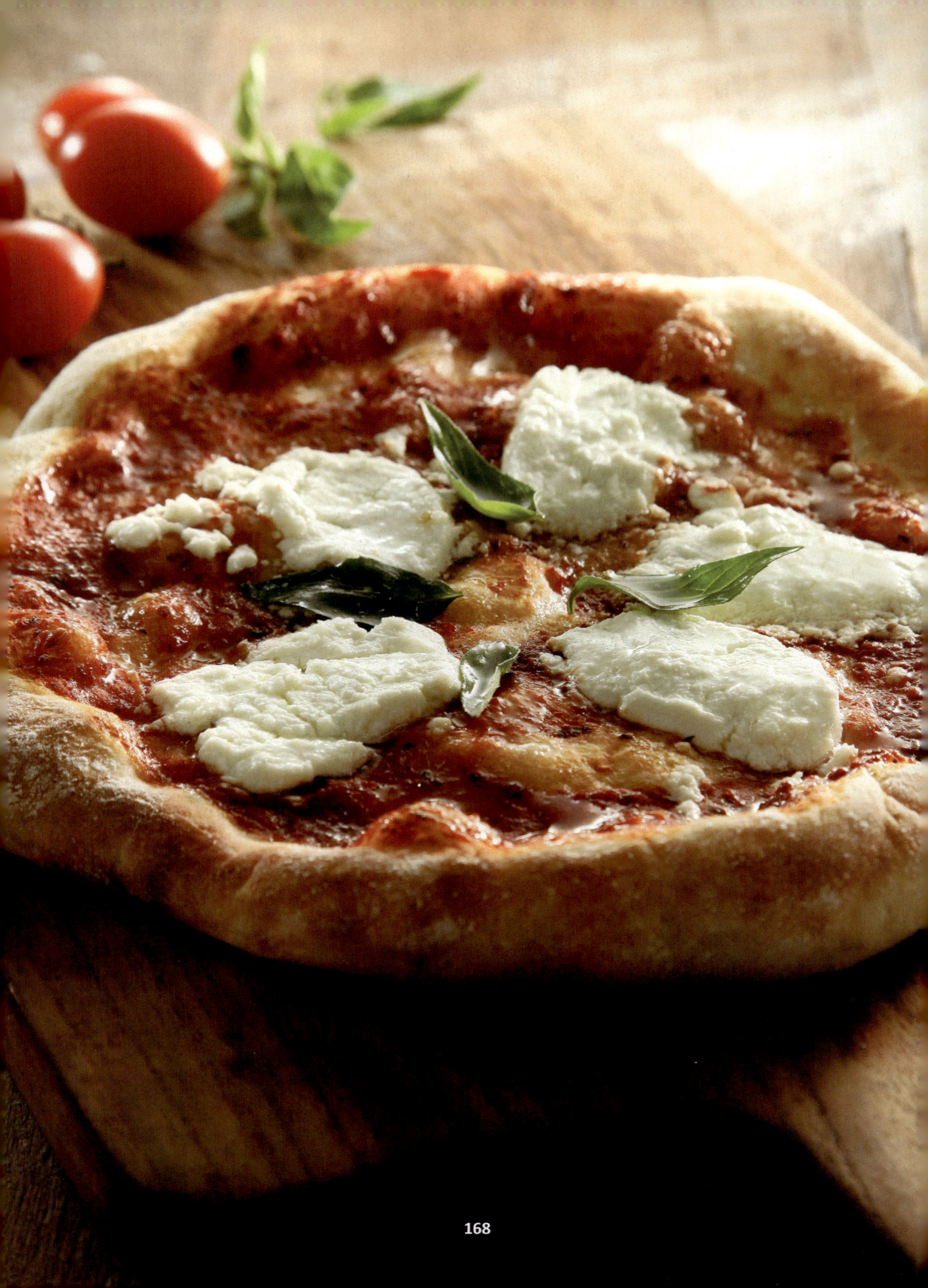

Bread G

傳統披薩：瑪格利特披薩

小筆記 — 直接法

	材料名稱	百分比（%）	重量（g）
A	披薩專用麵粉	100	450
	魯邦種酵母麵粉	5	23
	麥芽精	0.1	1
	海藻糖膠	10	45
	水	52	234
B	鹽	2	9
C	橄欖油	3	14
	合計	172.1	776

其他

披薩醬（詳 P.24）	適量
莫札瑞拉起司	適量
羅勒葉 / 九層塔	12 片
海鹽	適量
初榨橄欖油	適量
起士粉	適量

主麵團 MEMO

- 麵團溫度　夏天 28℃ / 冬天 30℃
- 基本發酵　18 小時
- 分割重量　250g / 1 顆
- 中間發酵　5℃，24 小時
- 整形樣式　拍開鋪料
- 窯爐數據　350℃ / 3 分鐘
- 烤箱數據　上下火 280℃

1. 攪拌
2. 基本發酵
3. 分割
4. 中間發酵
5. 整形
6. 鋪料
7. 烤焙
8. 烤後裝飾

攪拌

1　攪拌缸加入材料 A，慢速攪打 4 分鐘，打至所有材料成團。

2　加入材料 B，慢速攪打 1 分鐘，加入材料 C，中速攪打 5 分鐘，打至擴展；麵團起缸溫度夏天為 28℃，冬天為 30℃。

基本發酵

3　工作臺撒上適量手粉，麵團以摺疊方式收整為圓形，放入發酵箱內，參考小筆記進行基本發酵。

Point：檢查發酵是否到位，可用手指沾取適量清水，戳入麵團中，指洞不會輕易回縮即代表發酵完成。

分割

4　工作臺撒適量手粉，參考小筆記進行分割作業，收整為圓狀。

中間發酵

5　拍上適量橄欖油，放入撒上手粉的發酵箱內，參考小筆記中間發酵。

整形

6　麵團兩面鋪上手粉，拍開，雙手指尖從上往下按壓，翻面，以相同手法按壓一次。

7　雙手手掌拍上麵團，以逆時針方向，往外延展麵團。

8　麵團放上手臂，另一隻手在放上時自然往上延展麵團，換手，以相同手法延展 2～3 次，延展至適當大小。

Point：進階技巧可以將麵團甩到空中，利用離心力讓麵團快速旋轉變大。

鋪料

9　抹上披薩醬，放上莫札瑞拉起司、羅勒葉或九層塔，撒上海鹽，滴上適量初榨橄欖油，放入入爐器（或烤盤）。

烤焙

10　放入預熱好的義大利窯爐（或烤箱），參考小筆記烤至麵皮膨脹，金黃熟成，烤的期間需不定時確認麵皮熟成度。

Point：義大利窯爐內部的火焰必須過半，黃火溫度最高，藍火溫度最低，烘烤披薩時可以利用這個特點，根據麵皮熟成度決定烘烤的位置以及時間。

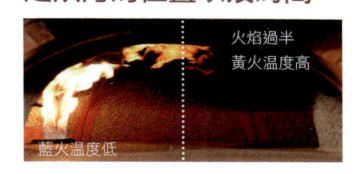

火焰過半 黃火溫度高
藍火溫度低

烤後裝飾

11　披薩出爐後撒上起士粉，再加上適量的初榨橄欖油與九層塔。

「義大利窯爐」烤焙麵包的技術運用／基本麵團 G：傳統披薩：瑪格利特披薩

Bread G-1
街頭小吃炸披薩

材料

瑪格利特披薩麵團⋯500g
（詳 P.168～171）
披薩醬⋯適量
（詳 P.24）
培根⋯1 片
德國香腸⋯1 支
莫札瑞拉起司⋯適量
披薩絲⋯適量
海鹽⋯適量
初榨橄欖油⋯適量

1. 備妥攪拌
2. 基本發酵
3. 分割
4. 中間發酵
5. 整形之麵團
6. 鋪料
7. 整形
8. 油炸熟製

備妥麵團

1 參考「傳統披薩：瑪格利特披薩」配方作法，備好整形至步驟 8 之麵團；1 片培根切 4 片；1 支德國香腸切 4 片。

鋪料

2 麵團抹上披薩醬，撒上披薩絲、莫札瑞拉起司、海鹽，滴入適量初榨橄欖油，放上 4 片培根、4 片德國香腸。

整形

3 蓋上一片壓好整成圓形的麵團，邊緣以姆指及食指收整一圈。

油炸熟製

4 鍋子加入 500c.c. 沙拉油（適量即可），加熱至 180°C，放入整形好的街頭小吃炸披薩，以中火炸 6 分鐘，炸至單面金黃熟成，翻面再炸，炸至兩面金黃。

Bread G-2
美國披薩

材料
瑪格利特披薩麵團…776g（詳 P.168～171）
披薩醬…適量（詳 P.24）
披薩絲…適量
培根…3 片
德國香腸…3 條
鳳梨片…12 片

1. 備妥攪拌
2. 基本發酵
3. 分割
4. 中間發酵
5. 整形之麵團
6. 鋪料
7. 烤焙

「義大利窯爐」烤焙麵包的技術運用／變化款／街頭小吃炸披薩／美國披薩

備妥麵團

1 參考「傳統披薩：瑪格利特披薩」配方作法，備好整形至步驟8之麵團；1片培根切4片；1條德國香腸切12塊。

鋪料

2 麵團抹上披薩醬，撒上披薩絲，放上4片培根、12塊德國香腸、4片鳳梨片，撒上披薩絲，放入入爐器（或烤盤）。

烤焙

3 放入預熱好的義大利窯爐，以爐溫350℃烤約3分鐘，烤的期間需不定時確認麵皮熟成度，烤至麵皮膨脹，金黃熟成。

Point：
★ 義大利窯爐內部的火焰必須過半，黃火溫度最高，藍火溫度最低，烘烤披薩時可以利用這個特點，根據麵皮熟成度決定烘烤的位置以及時間。

★ 烤箱以上下火280℃，烤至麵皮膨脹，金黃熟成。

Bread G-3
水手披薩

材料

瑪格利特披薩麵團…776g
（詳P.168～171）
披薩醬…適量（詳P.24）
燻鮭魚片…12片
大蒜…10瓣
奧勒岡香料…適量
海鹽…適量
初榨橄欖油…適量
九層塔…適量

- ❶ 備妥攪拌
- ❷ 基本發酵
- ❸ 分割
- ❹ 中間發酵
- ❺ 整形之麵團
- ❻ 鋪料
- ❼ 烤焙
- ❽ 烤後裝飾

「義大利窯爐」烤焙麵包的技術運用／變化款／水手披薩

備妥麵團

1 參考「傳統披薩：瑪格利特披薩」配方作法，備好整形至步驟 8 之麵團；大蒜剝開切片。

鋪料

2 麵團抹上披薩醬，放上蒜片，擠上初榨橄欖油，撒奧勒岡香料、海鹽，放入入爐器（或烤盤）。

烤焙

3 放入預熱好的義大利窯爐，以爐溫 350℃ 烤約 3 分鐘，烤的期間需不定時確認麵皮熟成度，烤至麵皮膨脹，金黃熟成。

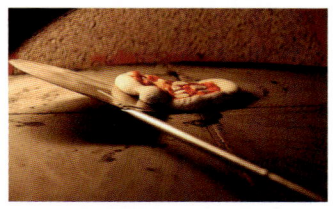

Point：

★ 義大利窯爐內部的火焰必須過半，黃火溫度最高，藍火溫度最低，烘烤披薩時可以利用這個特點，根據麵皮熟成度決定烘烤的位置以及時間。

★ 烤箱以上下火 280℃，烤至麵皮膨脹，金黃熟成。

烤後裝飾

4 披薩出爐後，鋪上燻鮭魚片，放上九層塔妝點，擠上橄欖油。

烘焙生活 26

魯邦種的奧義
令人怦然心動的
天然酵母麵包！

國家圖書館出版品預行編目 (CIP) 資料
魯邦種的奧義 / 賴毓宏著 . -- 二版 . -- 新北市：上優文化事業有限公司, 2021.08 176 面；19x26 公分 . -- (烘焙生活；26)
ISBN 978-957-9065-59-7(平裝)
1. 點心食譜 2. 麵包
427.16　　　　　　　　　　110013141

作　　　者，賴毓宏
總 編 輯，薛永年
美術總監，馬慧琪
文字編輯，蔡欣容
攝　　　影，蕭德洪
協助人員，詹于萱、莊雲涵、劉芃茵
出 版 者，上優文化事業有限公司
　　　　　電話：(02)8521-3848
　　　　　傳真：(02)8521-6206
　　　　　Email：8521book@gmail.com
　　　　　（如有任何疑問請聯絡此信箱洽詢）

印　　　刷，鴻嘉彩藝印刷股份有限公司
業務副總，林啟瑞 0988-558-575
總 經 銷，紅螞蟻圖書有限公司
　　　　　台北市內湖區舊宗路二段 121 巷 19 號
　　　　　電話：(02)2795-3656
　　　　　傳真：(02)2795-4100

網路書店　www.books.com.tw 博客來網路書店

版　　　次，2021 年 8 月二版一刷
　　　　　　2025 年 8 月二版二刷

定　　　價，420 元

上優好書網　　LINE 官方帳號　　Facebook 粉絲專頁　　YouTube 頻道

沒有妳們，本書就無法誕生，
感謝詹于萱、莊雲涵、劉芃茵，
歷時三天協助拍攝。

Printed in Taiwan
本書版權歸上優文化事業有限公司所有
翻印必究
書若有破損缺頁，請寄回本公司更換